U0229792

营养师的餐桌风景

吴映蓉 著

吴映蓉博士的30道舒适餐食与营养生活学

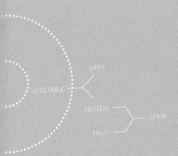

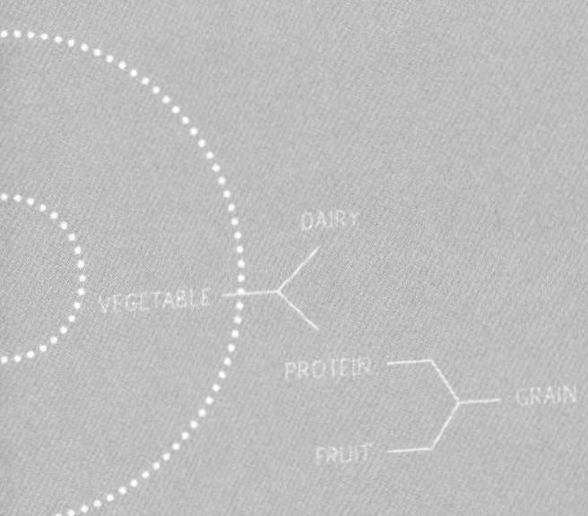

北京时代华文书局

目录

在好几年前，我开了一个粉丝页——吴映蓉博士营养天地，除了不时分享营养信息之外，也帮很多朋友回答许多营养学上的问题；在这之间，我发现许多朋友的基本营养概念不是很正确、完整，甚至连六大类食物是怎么分类都搞不懂，有时候我用文字回答也无法让大家明白。有一天，心血来潮，干脆把自家早餐贴文到粉丝页，没想到受到空前欢迎。在大家的鼓励下，我每天分享自己的早餐将近半年，还有粉丝说，看我的早餐分享，是他们一天的动力，这也是让我一直持续下去的最大动力。

其实，我的手艺非常普通，比我会烹饪的人比比皆是，我用的都是非常简单的食材、方法来烹饪，唯一我确定比一般人厉害的强项，就是每一顿早餐我都能把六大类食物"塞"进去，为什么要用"塞"这个字？因为，没人有时间在早上慢慢吃一盘炒青菜，我喜欢把菜剁碎"塞"入饭中；很多人也没时间好好吃水果，我喜欢把水果"塞"在牛奶或酸奶中一起制成饮品；尤其，我擅长蔬菜、水果的"隐藏术"，对小朋友而言，格外管用！

在我餐桌上的菜肴，并没有特别华丽的食材，多半是冰箱打开都有的；也没有特别难的烹饪技巧，多半是烹饪新手都会的；我讲求原态食物来烹饪、用最少的调味料、而且在最短时间内完成均衡的一餐。这只是个简单的概念，却是大部分的人做不到的，现代人常常每天早上就是吃单一的食物，像是蛋饼、三明治、烧饼油条……，其实，多是偏重在碳水化合物和蛋白质的食材，至于蔬菜及水果则是严重不足；然而，不只早餐，大家的午餐、晚餐一样不均衡。

虽然这本书以“早餐”为出发点，但是，一样可以应用在午餐和晚餐。这本书特别强调的两个概念是“原态”与“均衡”，这是我想传递给大家的信息，为家人或自己制作简单、美味、均衡的一餐，是非常幸福的事，让我们一起手作幸福料理，为全家人的健康把关。

每个人的口腹之欲不同，每个人所需的营养也不同，但是美食中却充满了各种甜蜜的诱惑，太咸、太油腻、过甜、热量过高……然而健康的生活就从许多枝微末节处的辨识与认知，展开第一步。

I

营养美学介绍所

健康的饮食型态

01

映蓉博士的营养哲学

我期许自己吃进嘴巴的每一口东西都是对身体有帮助的，不想让我的胃装一些垃圾食物。

Christmas
Just Dance!

大家是否仔细想过，吃进去的一日三餐到底跑到了哪里？其实，食物并不只是用来满足味蕾的感觉，或是让自己不觉得饿而已，最重要的是我们吃进去的每一口食物，大部分会藉由血管系统“旅游”全身，而且，每一口食物都有机会“变身”为身体细胞的一部分。简单地想个画面：我们吃进去的食物会变成我们自己！从脑细胞、红血球细胞，甚至觉得不会动的骨头里的骨细胞，我们全身上下每个细胞都是需要汰旧换新的，而新的材料从哪里来？就是来自吃进去的食物。换个角度想，我们随时都有机会重新开始，只要从现在开始学习如何好好挑选食物，如何好好为每一个细胞提供营养，我们都有机会在不久的将来获得“全新的自己”！

我的营养哲学是什么？我期许自己吃进嘴巴的每一口东西都是对身体有帮助的，不想让我的胃装一些垃圾食物。那要先来定义一下什么是“垃圾食物”？像汽水就是典型的垃圾食物，它的组成是水、糖、气泡，除了热量，我无法从汽水中得到任何好处，我希望我吃下去的食物除了热量，还可以得到其他的营养素如蛋白质、纤维素、维生素、矿物质等等，这样才有投资回报率！所以，如果我口渴了，我会喝水，至少水没有热量，不会变胖。如果我喝汽水，只得到了热量，那我觉得太不划算，宁可去喝豆浆、牛奶，因为，除了热量外，还附带得到其他营养素来滋养我的身体。

在我的营养哲学里，我学会了口口计较，我的餐盘中99%以上一定是“原态食物”。因为，我希望我的食物都是能好好修补我的身体细胞的，而“原态食物”则是最好的，因为，它们没有经过加工。再举个例子，肚子饿了，我会去超市买条地瓜，或是买条玉米，而不会去买面包或是蛋糕来吃，因为，地瓜或玉米是天然的“原态食物”，它除了包含淀粉外，还有纤维素、beta-胡萝卜素、维生素A及一些矿物质等，但如果我吃的是面包或是蛋糕呢？我得到的是精致淀粉，外加精致的糖还有奶油和盐。所以，我觉得吃面包、蛋糕来填饱我肚子，真是太不划算了。

在我得到热量的同时，一定要得到其他对我身体有帮助的营养素，这样才符合我的营养哲学。

除了吃“原态食物”以外，我的营养哲学中有另外一项，就是“均衡”。若这些食物我只有吃某一大类，这样我觉得“不公平”。例如，一餐不能只吃地瓜，我怎能让我的胃只装进主食类食物，这样蛋白质不够，脂质不够，长期下来，我身体里的细胞一定建构得不够完整，这样如何打造一个“完整的我”？

如何均衡地吃，从营养学的角度来讲，就是要“均衡”地摄取七大营养素，人体所需要的七大营养素，分两大群——

· 有热量的营养素：糖类、蛋白质、脂肪
· 无热量的营养素：维生素、矿物质、膳食纤维、水

每一种营养素都扮演重要的生理角色，不同的食物所含的七大营养素的比例不一样。要大家记这些营养素的名字实在太困难，所以，我通常只要求读者认识“我的餐盘（My plate）”就好！只要餐盘里面摆的食物对了，自然而然就可以摄取到七大营养素了。

My plate 是美国农业部（USDA）在 2011 年发表的新的饮食指南，取代使用了近二十年的食物金字塔（Food Pyramid）。台湾也曾大力推广过食物金字

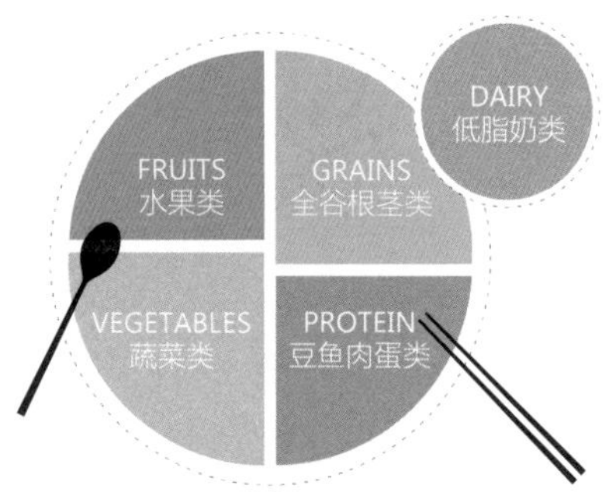

塔，很多民众对食物金字塔的使用方式不甚了解，能够落实于日常饮食者少之又少。My plate 只要每一餐在心中有个餐盘概念，注意食物配置，就可以吃得营养均衡，健康水当当。

My plate 的图标有一个大盘子、一个小盘子。大盘子中的色块共有四个部分，表示四种食物类型的组合，绿色为蔬菜类、红色为水果类、橙色为全谷根茎类、紫色为豆鱼肉蛋类；色块大小则提示出每种类型的搭配比例。右侧小盘的蓝色部分为低脂乳制品的摄取。

这是从美国民众饮食摄取的日常观点所设计出的餐盘，强调卡路里平衡，目的就在期望调整美国民众的饮食习惯，降低肥胖症的发生率。从色块比例大小，可以清楚得知蔬菜水果应占每天摄取食物的一半。其中，蛋白质的部分，我会建议再细分成植物性蛋白质、动物性蛋白质，各分一半的比例。

此图标示一目了然，可以帮助民众归类，知道每一餐都要吃到每一种色块的食物。一般民众多是面包夹肉片、米饭配菜肉，不会注意到自己一餐内吃下哪些种类。如果有餐盘的概念，就会知道自己少吃了哪一大类的食物，了解到每餐该如何搭配摄取的比率，蔬菜要比水果多，全谷根茎类稍稍多于豆鱼肉蛋类。若常常吃汉堡的话，很明显只吃到右侧，左侧全没有吃到，餐盘让民众有很清楚的图像，检查吃的种类够不够。

其实，每一餐要做到均衡并不容易。说真的，现代人的外食机会太高，只要能做到每一天均衡就很棒了！以我自己为例，有时早餐吃的蔬菜量不够（虽然我已经尽力把菜偷偷塞入饭中了），而中午时候，便当中的蔬菜量大概只有一口，晚餐时一定会把大量的蔬菜补回来！所以，建议大家心里一定要有一个“我的餐盘”，要知道今天哪一大类的量摄取不足，想办法在另一餐多吃一些！以我的观察，绝大部分的人都是肉吃太多，蔬菜吃太少，造成不够均衡！

我的营养哲学其实很简单，只有两点——多吃“原态的食物”，做到“每天均衡饮食”！说来简单，但是，到底有多少人可以办到？因此，希望透过我自己的餐桌风景，让大家感受一下我的营养哲学。

02

营养与健康、病症之间的关系

良好的生活习惯就能打造一个不累积毒素的身体，多吃原态食物、少吃加工食品……

吃错了，会生病吗？吃错了，当然会生病呀！只是，我们不会马上感觉到！

第一部分，想跟大家聊一下一些奇特饮食法！坊间有太多惊世骇俗的饮食法，标题非常吸睛，让大部分的民众趋之若鹜。说真的，若吃久了吃出毛病来，也完全无法证明出现的健康问题和一些错误的饮食方法有关。在此，我想和大家特别强调均衡饮食的重要性。每一大类的食物都不可以偏颇，现在，市面上出现太多奇怪的理论，教大家奇怪的吃法，我来带大家了解一下几个典型的危险饮食！

1 不吃主食饮食法?

想要减肥的人，最常采用的一种饮食方式——不吃淀粉！好像吃了一口淀粉，马上会变胖很多，尤其是大家都不敢吃饭，把米饭视为造成肥胖的凶手。我常常添了八分满的饭开始用餐，大家就很讶异地问我：“不是吃淀粉容易胖吗？你怎么都不害怕吃饭会发胖？”听到这里我马上想到一首诗：锄荷日当午，汗滴禾下土。谁知盘中餐，粒粒皆辛苦。并帮辛苦的农夫叫屈。

其实并不是所有的淀粉类食物都是造成肥胖的元凶，大家要对淀粉类食物再加以认识；而淀粉也分有“好的”和“不好的”来源。接下来就来看一下哪些淀粉性食物是“好的”，哪些淀粉性食物是比较“不好的”。

“好的”淀粉性食物：这种食物很容易分别，就是未经加工且可以看得出来它原来农作物的样子，如番薯、马铃薯、芋头、小麦、玉米、米饭等。

“普通”的淀粉性食物：这种食物就是把原来的农作物稍做加工后，变成他种食物，如面条、米粉、水饺皮、冬粉、白面包、小汤圆等。

“不好的”淀粉类食物：这一类的食物就是已经从农作物高级加工，完全脱胎换骨成另一种食物了，如蛋糕是用面粉又外加了许多奶油和糖而成的；油条就是用高筋面粉油炸而成的；可颂面包则是面粉中又放了很多植物性奶油揉制而成的；还有像饼干、肉包、年糕等等。这些食物不但和原来农作物的样子差太远，而且又外加许多高热量的食材制作而成，这一类过度加工的淀粉类食品才是减重的人要远离的。

只要选对了主食，不但不会胖，还会身体健康、精神饱满。因为，主食类的淀粉是给我们身体能量的第一线，在身体中会慢慢转化成血糖，供应我们身体各个组织能量，尤其是脑部、其他神经细胞，主要的能量来源是来自于葡萄糖，也就是血糖，若以不吃主食的饮食型态为主，我们无法滋养这些重要的细胞。而长期不吃主食，迫使身体要去利用其他组织来产生能量，尤其是会去消耗一些器官或肌肉中的蛋白质，而造成代谢下降、肌肉耗损、记忆力减退、减肥者复胖超快，甚至酮酸中毒等现象。

总之，我们是要聪明地选择主食，而不是不吃主食，请不要相信一些旁门左道的饮食方式，切勿拿自己的身体开玩笑！

2 大量吃肉、动物性油脂降血糖？

最近常常有人跟我说，一种鼓吹大家可以多吃肉、动物油脂，但不吃主食的方式，可以降血糖喔！大家听了欣喜若狂，很多长辈解禁了，早上大块肉煎奶油开始吃了，真是享受！以前专业营养师教的一些营养观念都被批评过时了，尤其是被没有受过完整营养训练的人如此说，让许多营养师实在为之气结。其实，人体是复杂的，不是只有了解片面的理论就可以解决一个疾病的问题。

以这种吃肉、吃油、不吃主食的饮食法来降血糖，我可以跟大家保证，短期内降血糖的效果一定很不错，大家会吃没几天发现血糖真的降了！其实，这一点都不神奇，因为，肉、油都不含任何糖分，再加上不吃主食，身体无法从食物获得糖分，自然而然血糖就会下降了。但是，我们的身体不是机器，难道只看“血糖下降”这个数值，就代表身体很健康吗？最新版的美国饮食指南非常强调，饱和脂肪酸的摄取要有限制，建议不要超过每天热量的10%，照这种吃法，饱和脂肪非常容易爆表！而这种饮食方式只能短暂利用来降低血糖，长期维持高蛋白、高脂肪的饮食，降了血糖却换来心血管疾病，值得吗？

不管是前面提的不吃主食的饮食法，或是强调大口吃肉、吃油的饮食方式，我一再强调，我不赞成“完全不吃主食”，尤其是糖尿病患者，聪明选主食更是一个重要的课题。

3 断食排毒？

说到排毒？我们要先谈一下，什么是“毒”？有谁能给“毒”一个正确的定义？“毒”是一个模糊的概念，每个人的说法一定不同。所以，断食就真的可以排毒吗？说真的，为什么大家平常不好好选择食物，好好吃饭，好好运动，好好睡觉，保持好的心情，要等到觉得“自己身上有毒”，再开始来用激烈的“不吃东西”来排毒？

先说一下断食的影响，第一个，我的肚子就无法忍受过度的饥饿，饥肠辘辘非常难受！在一段时间不进食的状况下，我们身体会有许多变化。身体会因为没有食物来获得能量，开始分解自己身上的东西来当能量，先是分解肝糖，再来是肌肉蛋白，再来是脂肪，或许大家觉得消耗掉脂肪是件好事，但是，消耗掉肌肉其实是件惨事。我们肌肉的建立是多么不容易，否则就不会有人要努力健身了。就在断食的过程中，轻易把肌肉耗损掉，真是得不偿失！此外，有什么科学证明，经过断食，我们身上的“毒”不见了？

我认为良好的生活习惯就能打造一个不累积毒素的身体，多吃原态食物、少吃加工食品；多吃蔬果，增加抗氧化能力；平时应规律运动，而不是想到才开始激烈运动；好好睡觉，不要熬夜；有适当的舒压管道，不要让压力累积；晒晒太阳，增加维生素 D 合成，增加抵抗力！

或许上述都是老梗，绝对比不上“断食排毒”四字来得震撼，但是，人生哪来这么多莫名的毒？随便相信一些怪力乱神的方法，才是对自己下毒！

第二部分，想跟大家聊一下“偏食”也就是“不均衡”的后果！再次以“我的餐盘”为讨论的主轴，一一来讨论，偏废某一大类的食物会如何？

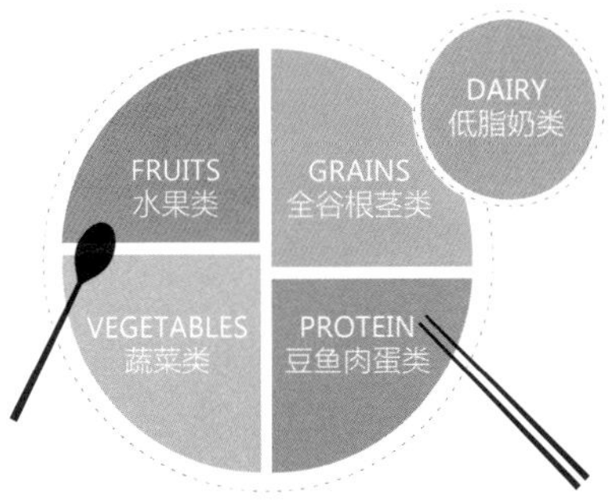

1 主食（全谷根茎类）的偏食

少吃或不吃

主食是供给我们身体细胞尤其是重要的神经细胞等营养的重要来源，若长期不吃主食，会出现很多毛病，如代谢率下降、肌肉耗损、记忆力减退、减肥者复胖超快，甚至酮酸中毒等现象。

吃太多

吃太多主食，当然就是胖啰！如果主食挑的又是太精致的面包、蛋糕、饼干这种糕饼，除了胖之外，更要小心甘油三酯过高！人一旦太胖以后，很多慢性病就慢慢出现了，如高血压、糖尿病、痛风等。

2 蛋白质类（豆鱼肉蛋类）食物的偏食

少吃或不吃

蛋白质是人体非常需要的营养元素，细胞中的酵素、肌肉中的蛋白质、皮肤的胶原蛋白、骨头中的胶原蛋白、头发、指甲等，只要你想得到的地方，都需要蛋白质来当原料修补。

因此，如果蛋白质不足，身体会出现太多问题，如新陈代谢率下降、水肿、掉头发等等。但是，通常现代人除非是刻意不吃肉，老年人、吃素的人不知道如何挑选蛋白质食物，否则，蛋白质缺乏的人真的很少。

吃太多

我们现在大鱼大肉，非常容易吃太多蛋白质，举例来说，一克8盎司（227克）的牛排就提供了6.5份的肉类（一份肉35克），就可能超过一个50公斤女生对蛋白质食物的需求量。光一餐就吃超过量，何况别餐还会吃别的蛋白质食物，如蛋、豆腐、鱼、鸡肉等（一般50公斤的人蛋白质食物的需求量是5份，60公斤的人蛋白质食物需求量是6份）。

由于，我们人体对于蛋白质并没有储存的“仓库”，吃了过多蛋白质，超出需求的量就要排掉，而排出体外的工作就要靠肝、肾来运作。因此，吃蛋白质食物要适量，吃多了不但浪费，也增加肝、肾的负担。此外，若吃太多含脂肪的肉类，对心血管的健康也是一种伤害。

3 蔬菜类食物的偏食

少吃或不吃

蔬菜吃太少是大部分民众的饮食问题，而且是从小到老都共同面临的饮食问题。蔬菜一直是我们饮食的配角，而且，从早餐到晚餐的蔬菜分量一直都被忽略！其实，我们饮食中有很大部分的维生素、植化素都来自蔬菜，另外，还有大家熟悉的纤维，也有一大部分来自蔬菜类。如果蔬菜吃太少，可能会让饮食中纤维太少，让肠胃蠕动不顺，导致便秘。大家不要以为便秘是小事，台湾营养基金会曾经调查过，便秘小朋友的身高比没有便秘的小朋友矮。而且大人长期便秘，很容易将毒素累积在体内，就容易产生病变，造成息肉的产生，久而久之有可能息肉变成大肠癌，所以必须小心。

此外，蔬菜吃太少的人，会导致一些营养素、植化素摄取不够，如叶黄素摄取不够，又长期使用 3C 产品，晒太阳不懂得防护，久而久之会有眼睛的黄斑部病变产生。而且，蔬菜吃太少，抗氧化剂摄取不够，就比较容易衰老。

吃太多

我一点都不担心蔬菜吃太多的问题，因为，这几乎不是现在饮食习惯会发生的事。而且，蔬菜吃太多基本上不会对身体有什么不好的影响，除非是有肾脏疾病需要限制钾离子的人，但这又是另一个课题了。

4 水果类食物的偏食

少吃或不吃

很多人把蔬菜与水果视为同一类，事实上，蔬菜与水果不能混为一谈。水果含的糖分是比蔬菜多很多，因为，水果比较甜又可以直接摄取，因此，大家吃水果的量较蔬菜多！基本上，水果所提供的功能与蔬菜类似，所以，如果蔬菜吃得够多，水果吃少一点并无妨。

吃太多

刚刚提到蔬菜与水果不能混为一起，但是有很多人为了弥补蔬菜吃不足的问题，以猛吃水果来代替，若是吃太多水果，其实会有变胖的风险。有许多案例，是靠吃大量水果想要减肥，不但没有瘦，反而变胖！因此，水果固然是提供我们纤维素、维生素、植化素的好食物，但是量是要控制的。

5 乳制品类食物的偏食

少吃或不吃

在“我的餐盘”的图片中，右上角有一个蓝色区块，代表低脂奶类。为什么一定要有低脂奶类这一大类？为什么不把奶类并入蛋白质食物？是因为怕大家的饮食中缺钙。乳制品如牛奶、起司、酸奶中除了蛋白质之外，最重要的营养成分就是钙，但如果你懂得如何选择高钙食物的话，也不一定要吃奶制品。像是有的人因为怕过敏或是宗教等问题而不喝牛奶，那可以选择喝豆浆加黑芝麻，黑芝麻的钙多。

因此，如果会选择高钙的食物，不吃或是少吃乳制品，一点关系都没有。但是，如果不吃乳制品，又不会选择高钙的食物，那就有可能会有缺钙的风险。

吃太多

有些人把牛奶当水喝，其实就营养学的角度来看，食物没有不好的，但是量一旦超过，则会有很大的影响。像牛奶里不只有钙质，还有其他营养素，例如动物性蛋白质。如果摄取过多动物性蛋白质，体内代谢时会产生酸性物质，反而会增加钙的流失。从这个角度看，喝过多牛奶，不但没有补到钙，反而有可能会使骨质疏松。

总而言之，吃得不对，选错食物，分量错了，久而久之真的会生病，谁说饮食不重要呢？

03

健康食品的检验与需求

好好地把你的饮食顾好，就可以保护你百分之九十以上的健康了，保健食品永远是第二线，绝不是你饮食的主角！

很多人都会来问我：“听说某某某在吃某种保健食品，效果很好，你觉得……”或者要我帮他们推荐保健食品。说真的，这对我是一种非常严厉的考试，大家别以为营养专家是万能的，各式各样的保健食品，若没有亲身试过，完全不敢推荐给别人。其实挑选保健食品存在各种细致的学问，待我跟大家慢慢来聊。

在这之前，先把“保健食品”和“饮食”的定位说个清楚。日常饮食才是一切的根本，我很怕那种自以为吃很多保健食品的人，就觉得平常的饮食可以乱吃。举个例子，很多人以为平常不吃蔬果没关系，反正吃综合维生素就好，但是，那颗小小的药丸，永远无法代替“全食物”给的营养。记得还在念大学时，整本营养学课本完全没提到“植化素”三个字，那时的我，以为把整本营养学课本的营养素都搞懂了，我就了解了所有食物的秘密；我也曾经天真地以为，只要把学过的营养素浓缩在一颗小药丸里，我就拥有全世界的营养。然而我渐渐知道，人类实在太渺小，我根本是在以管窥天，课本教的营养素只是一部分，而老天爷酝酿的食物岂是一粒药丸可以代替？后来，科学家慢慢发现，原来常被我们丢弃的蔬果的皮、籽，才蕴含了很多让人体可以对抗疾病、抗氧化、强化免疫力的植化素，但是在我大学时根本不认识它们。而我坚信，在食物中还有很多营养素或是有功能的物质，是我们目前不知道的！当我越年长，就越尊敬食物本身，因此，我不相信任何保健食品可以取代食物本身，保健食品只是第二线来补强食物的不足而已。

现在来聊聊，为何保健食品的选择，对我而言，也是一场大考试？

1 原料的纯度

很多人搞不清楚怎么看原料的纯度，举个例子，我现在想增加抗氧化能力，我可能就会去找含“葡萄籽萃取物”的产品，看到产品A写含葡萄籽萃取物25毫克，而产品B写含葡萄籽萃取物40毫克，请问您会选哪一个？说真的，我也不知道要选哪一个，因为，若厂商没标示，我不知道原料的纯度。或许，产品A是用95%纯度的原料，而产品B却是用50%纯度的原料，这样两个产品比起来，有效的成份差不了很多，但是，会不会产品B卖得比较贵？关于纯度这件事，我也无法分辨。

2 原料的吸收度

一个有效成分吃到肚子里，要由肠子吸收才会真正进入体内。这吸收度和产品配方有关，牵扯到药物动力学的高级学问。举个例子，一样是女性补充的大豆异黄酮素，如果把接在上面的糖基去掉，吸收率会大大提升，换句话，有效度当然也会提升。但是，要不是厂商也特意标示，或是特别处理，消费者怎会知道，哪一个产品的吸收度比较好？说真的，我无法辨识。

3 每个人的需求不一样

每个人适合的保健食品并不一样，别人用得好，自己并不见得适用。举例而言，有人说鱼油很好，可以降血脂，吃了以后甘油三酯往下降，但是，或许很多人不知道，鱼油会增加胆固醇的浓度，并不适合胆固醇高的人食用。因此，要买鱼油来降血脂的时候，请先搞清楚，自己是哪一种血脂高？

再举一个例子，常看到电视上宣传吃燕麦会降胆固醇，有的人拼命吃燕麦来降胆固醇，结果，胆固醇下降了，但是，甘油三酯却增加了。因此，选用保健食品时，一定要先了解一下自己的身体状况。

在此，又要来提醒一下大家，当发现自己身体有状况时，应该是以调整饮食为优先，而不是直接想要利用保健食品来改变状况。例如甘油三酯高的时候，是不是应该先调整一下饮食习惯，少吃甜食、少吃太油的、少喝酒，而不是饮食没变，就直接买鱼油来吃。

4 与药物、食物的交互作用

在购买保健食品时，一定要请教一下医师或药师或是营养师，因为，很多保健食品会和目前服用的药物相冲。例如，若已经在服用抗凝血剂的人，再服用鱼油、大蒜精、Q10 等，都会让血液更不容易凝结。大家或许知道，很多药物不能跟葡萄柚一起食用，很多保健食品也不例外，像降胆固醇的红曲，也不能和葡萄柚一起食用。而且，这只是其中一部分小小的例子而已！所以，当你在服用药物，又想要使用保健食品时，请务必与医师、药师或营养师讨论！

总之，挑选保健食品学问很大，我相信连许多专业人士都不一定可以挑得正确。不过，若真的不知道要如何挑选的时候，建议大家在很多品牌中，挑选有“健康食品”认证的产品，健康食品有一个小绿人标章——

至少，这是经过研究证明对某种保健功能有效的产品，是经过认证的产品，对大家比较有保障。不过，再次提醒大家，就算有“健康食品”认证的产品，也不见得适合自己，一定要跟专业人士讨论后再使用。

最后，还是提醒大家，当发现别人在吃各式各样的保健食品，你却没有的时候，真的不要心慌！好好地把你的饮食照顾好，就可以保护你百分之九十以上的健康了，保健食品永远是第二线，绝不是你饮食的主角！

当面对每天接踵而来的生活压力，在繁忙而仓促的时间分配里，我们是否有足够心思为自己的健康设想？无论是上班外食族、瘦身族还是长者、儿童等居家族群，如何学习吃得营养、吃得饱？观念上的建立最重要。

Ⅱ

给现代人的营养备忘录

01

外食族

请大家每一餐都检视一下自己的餐盘，五大类食物是否都有吃到？若做不到每一餐，那就看看一整天是否有吃到这五类食物！

现代人以上班族居多，三餐在家里煮实在不容易。台湾营养基金会曾经对外食族做过调查，结果发现，三餐中午餐的外食频率最高，高达71%，早餐则有62%的人外食，晚餐比较多人回家吃了，但还是有49%的人选择外食；而在外食的人群中，76%的人觉得他们的饮食无法符合营养需求。

其实，这是绝大部分外食族的困扰，看到东西就吃，因为心中全然没有“我的餐盘”及“量”的概念，所以，对是否达到均衡饮食、是否吃太多或太少，真的一点概念都没有！

首先，请先回顾一下我的营养哲学——多吃“原态的食物”，做到“每天均衡”饮食！所谓哲学就是大家听听就忘掉的东西，现在，我就要教大家怎么做！也就是怎么挑正确的食物放到“我的餐盘”里面！如果学会这本事，不管你到哪个外食场所，都可以挑正确的食物，吃下正确的量。

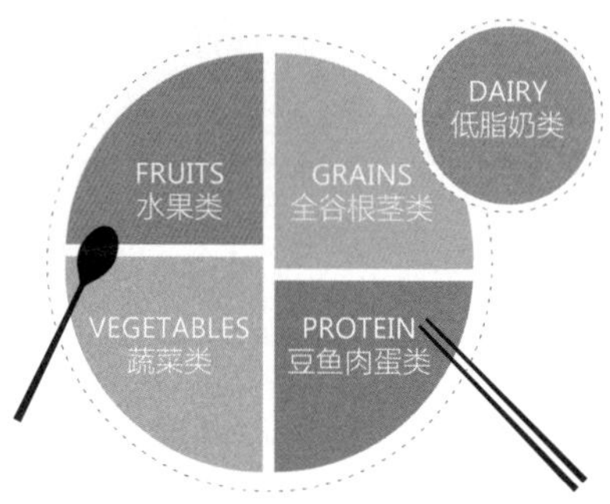

首先，请大家每一餐检视一下自己的餐盘，这五格中的食物是否都有吃到？若做不到每一餐，那就看看一整天是否有吃到这五种食物！所以，请大家务必要记好这餐盘的长相。

接下来，教大家怎么挑正确的食物，放正确的量进“我的餐盘”。

1 蔬菜类食物（餐盘的绿色部分）

外食怎么选蔬菜类?

●选原态的蔬菜，包装的果菜汁不算喔!

●避免油炸蔬菜，如油炸九层塔、四季豆、杏鲍菇等盐酥鸡摊的蔬菜。

●自助餐不要选浸泡在油底部的蔬菜。

●各种颜色要都吃到：黄、绿、红、白、紫（口诀：王力宏是白马王子），不要只挑绿色。

●西式快餐店要点色拉、面店要点烫青菜、自助餐要先拿蔬菜、若外食的场所没有卖蔬菜可以去便利商店买色拉，也可以去卤味摊买烫蔬菜。

●训练自己找外食时，购买到蔬菜的能力。

●除了叶菜类的蔬菜外，菇类、藻类，可以归类在蔬菜类，帮助增加纤维的摄取。

一天量要吃多少蔬菜类食物?

●一整天蔬菜的量应该要到 3 ~ 5 份!

●一份是多少蔬菜呢?

○色拉或是未煮过的菜是 100 克，可以把他们硬塞到一个碗的量来当作一份。

○收缩率较高的蔬菜如苋菜、地瓜叶，煮熟后约半碗。

○收缩率较低的蔬菜如芥兰菜、青花菜，煮熟后约 2/3 碗。

●记住！若某一餐蔬菜量不够，一定要在另一餐补回来，补足一整天的分量。

2 蛋白质类（豆鱼肉蛋类）食物

外食怎么选蛋白质类食物?

●豆、鱼、肉、蛋都是属于蛋白质类的食物。因此，不是只有吃肉可以补充蛋白质，鼓励大家摄取的蛋白质应该有一半是来自豆类。建议多吃黄豆、毛豆、黑豆等，吃毛豆、喝豆浆和黑豆浆都是很好的选择。

●建议一周至少吃一次鱼，肉则以白肉为主，减少红肉的摄取，因为红肉已被 WHO 列为二级致癌物，建议一天不要吃超过 100 克的量。

●蛋是很好的蛋白质来源，每天吃一颗是没问题的，除非有胆固醇问题，才需要控制全蛋的摄取量。

●挑蛋白质食物时，尽量避免加工品，如吃肉片、不吃火腿、香肠；吃鱼肉、不吃鱼丸；吃牛瘦肉，不吃牛肉干等等，一切以原态食物为原则。

一天量要吃多少蛋白质类食物?

●一整天的蛋白质食物分量，大部分的人都不知道，这里有个简单的方式帮助大家记忆！体重 40 公斤的人，一天就吃 4 份蛋白质的食物；体重 50 公斤的人，一天就吃 5 份蛋白质的食物；以此类推增减（每天每 10 公斤可以吃 1 份蛋白质的食物）。

●若是有喝牛奶习惯的人，豆鱼肉蛋类（蛋白质类）的份数要有所调整，若是每天喝一杯牛奶的人，豆鱼肉蛋类的份数为（体重 ÷10）- 1 份，若是每天喝两杯牛奶的人，豆鱼肉蛋类的份数为（体重 ÷10）- 2 份。

●一份的蛋白质食物是多少量?

○豆类一份——干黄豆 20 克 / 大豆干 1 片 / 传统豆腐（80 克）（厚：2 格）（薄：3 格） / 嫩豆腐约半盒

○鱼与海鲜一份——鱼肉 1 两（约半个手掌大，厚度约 1 公分））/ 虾仁 1 两

○肉类一份——家禽、畜肉 1 两（约半个手掌大，厚度约 1 公分）

○蛋类一份——蛋 1 颗

3 谷类、根茎类食物

外食怎么选谷类、根茎类食物（此类食物是我们的主食，老话一句，多选原态的全谷根茎类）？

全谷：包括了麸皮、胚芽、胚乳三大部分，糙米就是一种全谷类，而我们平常吃的白米饭只有胚乳的部分。换句话说，白米饭只剩下淀粉了，没有胚芽及麸皮所含的维生素 E、维生素 B 群、矿物质、膳食纤维等。因此，白米饭在营养学中的定义只算是有热量的加工食品喔！但是，我们常吃的白米还是比面包、蛋糕、饼干好太多了，因为，这些食物是面粉、油、糖的大集合，属于过度加工的食品。

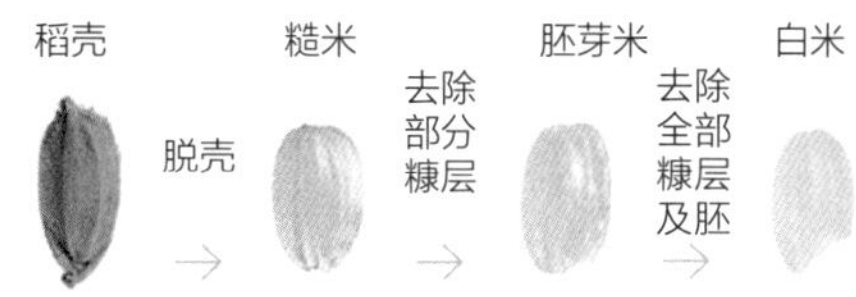

根茎类：如马铃薯、地瓜、芋头、山药等，都是很好的主食，但是，千万不要用这些食物的加工食品作为主食，如洋芋片、地瓜酥、芋头饼、山药酥等等，因为这些食品多加了油、糖，都是造成肥胖的凶手。有的加工食品也太咸，摄入太多盐分对肾脏是一种负担。

一天要吃多少全谷、根茎类食物？

●吃多少全谷根茎类的主食，因人而异。若运动量大，需要热量多可以多吃一点，若运动量少就少吃一点。在此提供一个简易的估算方式：一个体重 40 公斤的人，一天大约吃 2 碗主食类；体重 50 公斤的人，一天大约吃 2.5 碗主食类；体重 60 公斤的人，一天大约吃 3 碗；体重 70 公斤的人约吃 3.5 碗主食类，以此类推加减（每天每 10 公斤可以吃 0.5 碗饭）。

○一碗全谷根茎类是多少？

糙米饭 1 饭碗／杂粮饭 1 饭碗／绿豆、红豆 1 饭碗
＝荞麦面 2 饭碗／糙米稀饭 2 饭碗／燕麦粥 2 饭碗
＝全麦大馒头 1 个／中型芋头 1 个／番薯 1 个
＝马铃薯 2 个／玉米 1 根
＝全麦土司（薄）（10cm × 10cm × 1cm）4 片

4 水果类

外食怎么选水果类的食物？

●记得选原态的水果，包装果汁不算！

●水果尽量多样化，若是能吃的皮，尽量洗干净吃下去，才能获得较多量的植化素。

●若有糖尿病、血糖太高的问题，尽量选不甜的水果。若一般正常人就尽量选择多样性，多种颜色的水果。

●外食族买水果并不难，便利店和超市都买得到，所以，吃不到水果是借口而已。

一天量要吃多少水果类的食物？

●听过蔬果 5、7、9 吗？这是指蔬菜水果的总量一天要吃 5 份、7 份、9 份。记得喔！水果的分量应该比蔬菜少一份。

●要吃多少水果类，也是因人而异，我们一样可以用体重当一个计算的标准。不过，在此提供一个简易的估算方式：体重 40 公斤的人，一天大约吃 2 份水果类；体重 50 公斤的人，一天大约吃 2.5 份水果类；体重 60 公斤的人，一天大约吃 3 份水果类；体重 70 公斤的人约吃 3.5 份水果类，以此类推加减（每天每 10 公斤可以吃 0.5 份水果）。

○一份水果类食物是多少？

要正确记牢一份水果是多少量并不容易，因为，水果的含糖量差异很大，每种水果一份的量就差很多，除非是营养师，或是要刻意背诵才有可能记住。在此提供一个简易的方式，水果一份就以吃饭的碗来量，约 2/3 碗！

5 低脂奶类

外食怎么选低脂奶类的食物?

●尽量选原味的，不要选调味的乳制品!

●太多乳制品加很多糖或是全脂的产品，不是好的选择。不要忘记，我们吃乳制品是为了得到钙，而不是要得到糖分或脂肪。

一天要吃多少?

●很简单，记得是2份!

○一份乳制品类是多少?

= 240 c.c 低脂或脱脂鲜奶 = 240 c.c 低脂低糖或无糖酸奶

= 3汤匙低脂或脱脂奶粉 = 低脂奶酪（起司）2片（45克）

●不喝牛奶的人，没关系!

有人选择不喝牛奶，每个人的原因不一样，但是，不喝牛奶的人只要懂得如何选择高钙食物，对营养状况不会有任何影响!

吴氏懒人计算食物分量法

因为要算自己每日需要的食物份数实在太复杂，因此，我自己发明了以上的速算法。通过以下两个图解，以简单的计算方式，大致估算自己一天所需要的分量，只要您的体重是在 40 ~ 80 公斤，八九不离十会符合每日饮食指南的建议量。当然如果您要减重，或是有特殊营养需求（如糖尿病患者、肾脏病患者等），算法需要调整食物份数时，记得去找您的营养师。

若不喝牛奶的人，请用以下计算方式:

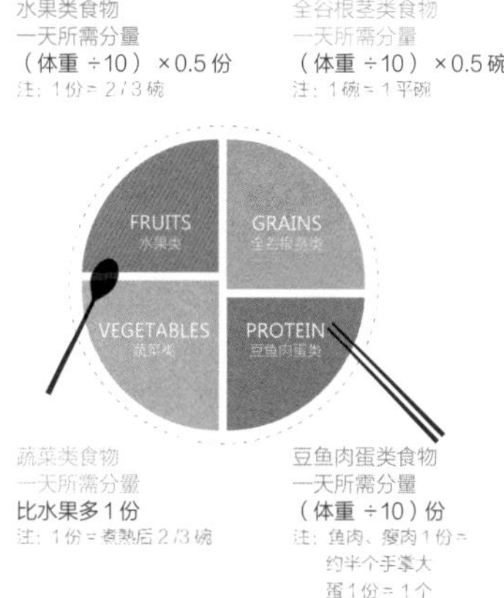

若喝牛奶的人，请用以下计算方式:

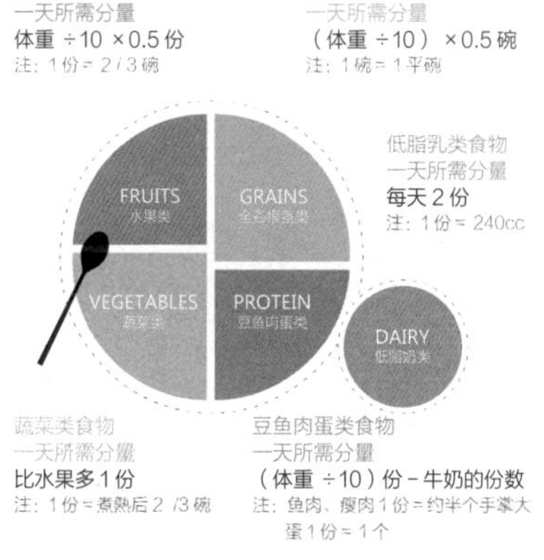

02

瘦身族

现代人无法做到餐餐均衡，但是可以做到天天均衡。

减重、瘦身是很多人一辈子的课题，但是，在此要提醒大家，与其一直盯着体重计斤斤计较，更关心的应该是减掉的是什么？是脂肪？是肌肉？其实，我们应该把“减重”的目标订得更明确些，应该把目标订在“增肌减脂”才对，我们应想办法减掉脂肪，也要想办法增加肌肉量！而且，把体重控制当作一辈子生活管理的一部分，不是一味地狂吃、不理自己的体重，到发现衣服穿不下了，才开始减重！

以下有些饮食重点，在增肌减脂时很重要，供大家参考。

1 戒掉我们饮食中的“糖”吧！

减脂的第一步骤，先想办法把糖从饮食中移开。这里的糖是指额外加入食物里的糖，像喝咖啡加的糖、豆浆里加的糖、含糖饮料里的糖、做糕饼时放的糖、煮红烧料理时放的糖等。不管我们加的是蔗糖、冰糖、黑糖、果糖甚至蜂蜜，都应该尽可能地减少！

基本上这个“糖”完全是用来满足味蕾的，其实，我们完全不需要。身体所需要的血糖可以从主食类，如谷类（如米饭、玉米、薏仁等）、根茎类（马铃薯、地瓜、山药等）产生，不需要直接吃糖来维持血糖。当我们吃额外的糖分，血糖很快升高时，胰岛素必须出动来把血糖拉回原来的水平，而胰岛素也是帮助我们合成脂肪的重要因素。如果，我们一直吃甜的，就会一直刺激胰岛素分泌，增加体内脂肪合成的机会。

因此，减脂第一步戒甜、戒糖吧！只要努力个 2 至 3 周一定会有成效！除了减脂之外，糖也是造成我们慢性病、老化的元凶，目前也有研究，癌症细胞也是嗜糖一族，因此，我们应该要好好来减少这种甜蜜的负担！

2 逆转餐盘饮食法

这是我身体力行在每一餐的饮食原则：先吃大量蔬菜，再吃蛋白质类（豆鱼肉蛋类）的食物，再吃全谷根茎类的食物，最后，才是吃水果！

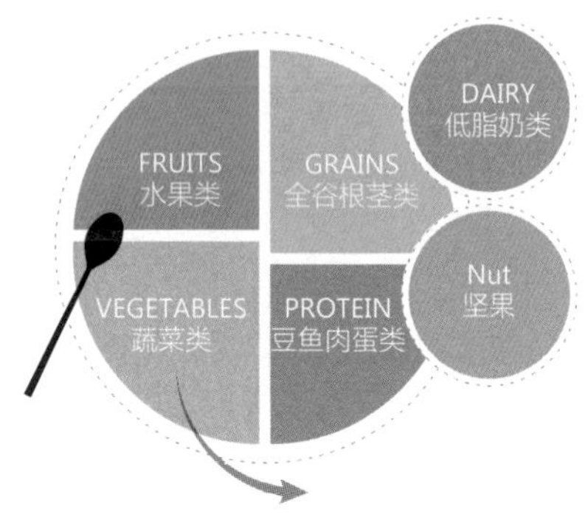

然而，这个饮食方式，前一阵子引起很多讨论，但是必须先表明，如果一餐狂吃，一顿吃了1200大卡（如自助餐），再怎么计较先吃什么，又有什么意义？但话说回来，如果在热量限制下，例如，一餐控制在500 ~ 600卡，那这种进食的顺序的确是会影响体重。

前一阵子，一群年轻的营养师拿自己做实验，把便当的食物用不同的顺序进食，然后，马上测自己的血糖。结果发现，先吃菜或肉，会比先吃饭的时候，有比较低的饭后血糖值。基本上，一餐中若先吃蔬菜或是蛋白质类的食物，的确会造成这一餐的GI值是下降的，其实，在《Diabetes Care Volume 38, July 2015 p.e98》这份研究报告也看到这一现象。问题来了：一餐的GI值比较低，是不是比较容易瘦？在《Am J Clin Nutr July 2002 vol. 76 no. 1 281S-285S》这份研究报告中，不管是人体实验，或是动物实验，都有看到相同热量的食物，若GI值较低，真的有利于减重。

虽然目前，尚未找到直接去观察吃饭顺序与体重的人体研究，但是，归纳一下我的看法：1. 每餐不能狂吃，在热量控制下，先吃低GI的食物（蔬菜类或豆鱼肉蛋类），或许，有助于体重控制。2. 每餐进食时，不要让血糖恣意飙高，对身体的确是一件好事。3. 根据自身经验，都是每餐先吃足量的蔬菜，对于控制体重、控制体脂肪的确是有帮助。

3 两个三角形控制体脂肪

如果大家餐餐都有大量蔬菜让我们得以进行“逆转饮食法”，那是最理想的，但是不可否认，现实生活中不可能餐餐有足量蔬菜，此时，我教大家都是用两个“三角形”来控制饮食！

现代人无法做到“餐餐均衡”，但是可以做到“天天均衡”，其实我们可以把含糖分较多的食物（如主食类、水果类）排个顺序，早餐吃最多，午餐吃再少一点，晚餐吃最少。因为，吃进去的糖分有一整天的活动可以消耗，不太容易累积成脂肪。而蔬菜类、菇类、藻类、蛋白质类的食物，几乎不含糖分，尤其是蔬菜、菇类、藻类，早餐吃的分量总是不够，尽量在晚餐时补回来。我常在晚餐吃大量蔬菜以及适量的蛋白质类食物，而主食类、水果类在晚餐时就少一点。这样执行下来，体脂肪真的控制得很不错。

4 运动前后都要吃对

上述介绍的三项饮食法，对于减脂的功效很有帮助，但是增肌就无法光靠饮食了，必须要有肌力训练加入。不要以为多吃些蛋白质，肌肉就会增多，那是不可能的，否则，一些健美先生就不用练得如此辛苦了。

关于要如何重训、做肌肉训练，一开始一定要请教专业合格的教练指导，才不会有运动伤害。经由正确的运动指导以及饮食的配合，就可以增加肌肉的部位，一旦肌肉增加，才是真正拥有吃不胖、不复胖的本钱。因为，一旦肌肉量增加，新陈代谢率会增加，而且，肌肉增加也可以帮助燃烧较多脂肪，除了帮助瘦身外，目前“存肌肉本”已经是每个人应该注意的课题了，尤其是老年人要防止肌少症。

运动的事交给专业教练，在此，我们先来谈谈，运动前后怎么吃！

运动前要不要吃东西?

很多人运动前不太敢吃东西，想说不吃东西，等一下去运动，消耗的热量会多一点。这样对减肥应该有帮助？错了！若空着肚子去运动，尤其是一大早空腹做运动后，可能会有低血糖的状况发生。此外，在没有吃一点东西补充的状况下，身体会分解肌肉来产生能量，这是我们最不乐见的，因为，肌肉的保存是何等宝贵，绝对不要因没吃东西而被消耗掉。

运动前要吃什么?

运动前 1 ~ 2 小时，主要是吃一些优质的碳水化合物为主，可以选香蕉、燕麦、全麦面包、地瓜，热量可以依照您要做的运动而调整分量。如果只是快走半小时，运动前热量补充大概只需要 100 大卡左右。如果是慢跑半小时，可以增加到 200 大卡左右。补充的热量取决于运动的强度及时间。

但不要在很接近运动前的时间，吃下太甜的食物，如喝一杯很甜的饮料，运动时反而容易发生“反应性低血糖”（rebound-hypoglycemia），太甜的食物会刺激大量的胰岛素分泌，再加上运动本身也消耗血糖，在双重作用下，可能会发生低血糖的状况。

运动前食谱范例（分量应依照实际的运动量调整）

300 大卡左右：

食物	分量	热量 Kcal	总热量 Kcal
建议组合一			
香蕉	1 根（125 克）	120	270
蒸马铃薯	1 个（200 克）	150	
建议组合二			
甜玉米粒	5 汤匙（75 克）	70	280
全麦土司	3 片（72 克）	210	
建议组合三			
地瓜	1 个（110 克）	140	280
麦片	6 汤匙（60 克）	140	

运动后可以吃东西吗？

这个问题是更多人的疑问，觉得好不容易花了很多力气消耗掉一些热量，又要马上补充，岂不是白做工了？其实，运动完吃东西反而不用担心变胖，因为，我们运动完时，肌肉摄取养分的能力比脂肪强很多。所以，我们在运动后吃下去的养分大多是跑去滋养肌肉，而不是用来堆积脂肪。

但是要注意，“量”的问题很重要，也不要以为因为有运动了，就可以狂吃。如果，你的运动只是快走或是慢跑半小时，而你运动前已经有补充优质的碳水化合物了，此时，你做完这种中低强度的运动后，不见得要吃东西。但是，如果你运动的目的是要增肌，那运动后的进食的时间、种类、分量就变得相当重要！

我一直强调，身体的代谢绝不是热量进与出的单纯加减数学题目，肌肉量的增加才是让我们有吃不胖的本钱，所以，建议我们规划的运动中，一定要有重量训练来增加肌肉量。提到增加肌肉，重训完的饮食补充就格外重要，练完重训一定要把握时间补充营养，肌肉才有养分长起来，因为运动后吃东西，大部分的养分会跑去长肌肉而非用来堆积油脂。

运动后要吃什么？

做完重训后，休息一下喘口气，就可以去觅食了。要在运动完 20 ~ 60 分钟内用餐，若运动完 2 ~ 3 小时后，才开始想到要吃东西，当你大吃一顿时，大部分的营养素就不是跑去合成肌肉了，有可能会变成脂肪！

重训后用来长肌肉的餐点，最好是碳水化合物：蛋白质 = 3：1 ~ 4：1 左右最为理想，但是不要只吃蛋白质，效果不大。因为，蛋白质的合成需要有碳水化合物的帮忙（因为，我们吃进去的碳水化合物会刺激胰岛素分泌，而胰岛素会帮助胺基酸进入肌肉组织合成蛋白质！所以，只吃蛋白质时，有孤军奋战的感觉！）。而一般的重训，训量完的蛋白质摄取量不用超过 20 克，除非你的训练强度很大，想变成“大只佬”，否则，有研究发现超过 20 克的蛋白质对于肌肉的建立不会有太多帮助，多吃无用，反而增加身体的负担！

在这样的原则下，重训完可以来碗鸡肉饭、土司夹蛋、优格坚果、饭团配豆浆、地瓜加茶叶蛋等，热量约 300 ~ 400 大卡。

运动后食谱范例（分量应依照实际的运动量调整）

碳水化合物：蛋白质＝3：1

280 大卡的食谱范例

食物类别	全谷根茎类	豆鱼肉蛋类	水果类
食物份数	2 份	1.5 份	1 份
建议组合 1	烤地瓜 1 根 （约 105 克）	茶叶蛋 1.5 个	小苹果 1 个 （约 130 克）
建议组合 2	小餐包 2 个 （约 50 克）	豆浆 1 杯 （390cc）	小番石榴 1 个 （约 155 克）

300 大卡的食谱范例

食物类别	全谷根茎类	豆鱼肉蛋类
食物份数	3 份	1.5 份
建议组合 1	玉米 1 根 （约 195 克）	烤鸡胸肉 （去皮）（约 45 克）
建议组合 2	全麦土司 3 片 （共 75 克）	鲔鱼 （45 克）

03

居家族

无论哪个族群的营养都是基于均衡，只要针对特别的营养问题来解决！

前面讨论了许多外食族、瘦身族的饮食问题，这两个族群中青壮年比较多，现在来谈谈更需要照顾的族群，如儿童及银发族。当然，无论哪个族群的营养都基于“均衡”，只需要针对特别的营养问题来解决。

1 儿童的营养问题

●零食及含糖饮料

这是儿童或青少年最喜欢吃的两大类食品，偏偏这两大类加工食品非常不营养，小朋友不应该用这些不健康的食品把胃填饱，而排挤真正有营养的食物。零食和含糖饮料其实是造成儿童肥胖的主因之一。

○解决方式

1. 家里不要买零食及含糖饮料，好习惯从父母做起。

2. 不要给小朋友太多零用钱，以便有机会买零食。

3. 父母尽量在家做饭，用主餐把小孩喂饱，让小孩没有吃零食的欲望。

4. 让小孩带便当，不要让小孩有太多自己购买外食的机会。

●纤维量摄取不足

这是全世界的营养问题，儿童尤其严重。因为成年人有健康意识，会刻意多吃蔬果，但是，很多小朋友完全凭自己的喜爱来挑选食物，蔬菜是被很多小孩第一个挑走的食物。蔬菜除了纤维以外，尤其是绿色蔬菜，还含有让我们眼睛看得雪亮的叶黄素，以及帮助钙质黏附在骨钙素上的维生素 K，维生素 K 充足，骨骼才会强壮。此外，纤维除了从蔬果来，还可以从“原态”的主食杂粮来，但是，现在的小孩喜欢吃精致的主食，白饭、白面、白面包、蛋糕等，完全没有纤维。

儿童缺乏纤维，除了会造成便秘，更严重的会影响到成长发育，大家一定没想到，整体而言，便秘的小孩身高会比没有便秘的小孩矮。所以，家长必须重视！

○解决方式

1. 家长以身作则，多煮一点蔬菜，多吃一点蔬菜。

2. 用各种方式把蔬菜放到各式菜肴里，譬如把菜剁细、碎拌入饭里、煮蔬菜浓汤、把蔬菜藏到蛋料理里面。请家长多用点心思，让小孩可以多吃蔬菜。

3. 渐渐把精致的主食换成较有纤维的主食，如白米慢慢换成糙米，白土司换成全麦土司，白面条换成荞麦面等等，有时玉米、地瓜等高纤维的食物也可以替代白米饭。

●蛋白质、油脂摄取过多

现在小朋友饮食太丰盛，常常都是大口吃肉，例如，早餐来个猪排汉堡，中午便当里面一支鸡腿加卤蛋，放学后来个炸鸡排配珍珠奶茶当点心，晚餐被爸爸妈妈带去吃火锅……若常这样吃，蛋白质真的太多，若烹调方式多用油炸的，油脂也是摄取过多！虽然小孩需要足量蛋白质来帮助发育，但是吃太多，会增加肝、肾负担！吃太多蛋白质，磷摄取过多，反而会排掉钙质，影响身高。根据我们每日饮食指南的建议，1 ~ 2 年级的小朋友每日需要 4 ~ 6 份蛋白质食物，而3 ~ 6 年级需要6 份蛋白质食物。所以，一般学童，一日不要超过 6 份。

至于油脂摄取太多，就不用多说了，会造成摄取太多热量而形成肥胖。

○解决方式

1. 请家长注意一下，也认真学一下，一份蛋白质食物大概是多少？若是肉类（包括猪肉、牛肉、鸡肉、鱼肉等等），煮熟了约 30 克为一份，大约是女生的半个手掌大，而蛋就是一个一份。至于豆制品，我不会太担心，一方面小孩子没那么喜欢豆制品，而豆类或豆制品，含磷的量并不高，不会因为吃太多而排掉钙。所以，当家长在帮小朋友准备餐点时，请注意蛋白质的分量。

2. 让小朋友少吃油炸的食物，减少油脂的摄取量，当然，还是要从家长以身作则开始。

●钙质摄取不足

很多小朋友脱离幼儿阶段后就不喝牛奶了，但是，又不知道怎么挑选含钙量高的食物。因此，有些小朋友有缺钙的风险，一旦缺钙，不只长不高，也会影响脑部发育。因为脑部很多神经传导物质的释放，都需要钙的存在，钙的生理功能太重要！

○解决方式

1. 让小朋友一天喝 2 杯牛奶，若喝牛奶会拉肚子，改喝酸奶。

2. 若因某些因素不喝牛奶或不吃乳制品，请学会挑高钙的食物，如小鱼干、板豆腐、黑芝麻、各类绿色蔬菜等。

3. 叮嘱小朋友不要喝发泡性饮料，这样会加速钙的流失。

●肥胖

有数据显示，肥胖并非只是成年人的疾病，体重过重与肥胖的问题在儿童与青少年中越来越常见。根据国外研究显示，学龄前肥胖的孩童 1/3 长大后仍然肥胖；学龄时期肥胖的学童有 1/2 会变为成人肥胖；到了青少年时期演变为成人肥胖的比例更是高达 3/4（《Preventive medicine 1993; 22: 167-77.》）。而肥胖引起的并发症如：气喘、慢性发炎、心血管疾病、睡眠呼吸中止、第二型糖尿病、代谢症候群及心理层面问题，成年过后更是容易罹患慢性疾病及提高死亡率，除此之外，肥胖亦会影响生活，不仅造成生产力的降低、影响社会经济地位，也增加医疗支出。因此，肥胖症必须在儿童早期开始预防及治疗。

○解决方式

1. 参考“瘦身族”章节，整体概念一致。

2. 鼓励小朋友多运动，减少使用 3C 产品。

2 银发族的营养问题

●咀嚼不良

很多老人牙齿不好，咀嚼困难，所以无法吃肉类、蔬菜类，而以淀粉类、肥肉、蛋为主要食物来源。久而久之，就会处于营养不均衡的状态。无法吃瘦肉，容易导致体内蛋白质不足及铁质缺乏；不能吃蔬菜，容易便秘；一直吃肥肉，容易血脂肪偏高。

○解决方式

1. 除了蛋之外，肉质比较细嫩的鱼也可以作为蛋白质来源之一。

2. 瘦肉可以用红烧的方式，把肉质变烂，再将肉用条理机打成肉泥，拌入煮得很烂的饭或面中，增加蛋白质摄取。

3. 蔬菜咬不动可以做成蔬菜浓汤，如菠菜玉米牛奶浓汤，增加纤维的摄取量。

4. 老人虽然没牙齿，但也不喜欢什么都打成泥，有些食物保持原来的样子也是可以软烂的，尽量不要打成泥，如蒸地瓜、蒸马铃薯、蒸芋头、蒸南瓜等等。

●味觉改变

老年人很容易东嫌西嫌，说食物不好吃，或没有以前好吃，尤其会嫌东西不够咸……有时会觉得真的很难伺候，但是他们不是故意的，而是因为味觉退化，对味道的感觉迟钝了。

○解决方式

1. 有些老年人常抱怨口腔有苦味，在进食之前，可先刷牙或漱口以改善口腔味道，或餐后摄取新鲜水果，使口腔留下水果的清香。

2. 味觉改变也可能是因为锌缺乏所造成的，可多选择含锌丰富的海产、蚵、鱼类、鸡肉、瘦牛肉、豆类和谷类来改善，记得要用他们可接受的烹调方式煮到软烂。

3. 虽然有些食物做成泥状，但是烹调时可注意颜色的搭配，刺激老年人的食欲。

4. 多利用中药、香料植物和低盐调味料，如当归、川芎、枸杞、黑枣、红枣、九层塔、香菜、青葱、姜、香菇、柠檬、八角等等，适当搭配各种食物特性来烹调，减少用油量，并且不失食物原味。

●蛋白质吃得太少

老人家因为牙口不好，无法大口吃肉，唯一有办法吃得下的蛋白质来源就是蛋。炒蛋、蒸蛋，整天吃蛋，很腻之外，又怕胆固醇太高，而且很多老人家，以为主食吃饱就好，没有什么蛋白质食物的概念。但是，蛋白质摄入不足是非常严重的饮食问题，会导致免疫力下降，还有肌少症出现。免疫力下降，生病后不容易恢复，而肌少症是骨骼肌质量与强度逐渐流失的症候群，伴随而来的是生活功能下降、生活质量变差，甚至有较高的风险发生医源性伤害，进而造成死亡。

○解决方式

1. 过往对于高龄者的蛋白质需要量建议为 0.8 克 / 公斤体重，研究发现此建议量其实是不足的，无法阻止高龄者身体肌肉的流失，蛋白质需要提升到 1 ~ 1.5 克 / 公斤体重。

2. 除了蛋白质的摄取量要足够，每个餐次的蛋白质分配也是重要的因素。

3. 白胺酸（Leucine）已知是一种可以促进肌肉合成的胺基酸，可以建议高龄者多摄取富含白胺酸的食物，譬如牛肉、鱼与豆类等。

4. 维生素 D 除了参与体内调节钙、磷的平衡，近年来更发现对维持肌肉功能、肌肉强度与身体功能表现扮演重要角色，因为在肌肉细胞上发现有维生素 D 接受器，活化可以促进肌肉蛋白质的合成。所以，可以定时带老人家外出晒太阳，增加维生素 D 的合成。

5. 若有机会，可以请专人引导长辈锻炼肌肉，增加肌肉的合成。

●热量摄取不够

银发族千万不要再惦记“减肥”这件事，肥胖的高龄者有可能因为减重带来肌肉流失。即使减重后再增重，也无法补偿之前减重造成的肌肉量流失。因此肥胖的高龄者减重期间需密切监测肌肉量，以免肌肉流失造成肌少症的发生。而且，我们对银发族 BMI 的要求宽松很多，国外研究，高龄者若身体质量指数 BMI（Body mass index）< 22，会增加罹患肌少症的风险，BMI > 30，会增加因肥胖造成的致病率与致死率，因此建议高龄者的 BMI 在 22 ~ 30 之间较为适合。

○解决方式

1. 在均衡饮食的原则下，长辈有点微胖是好的，避免一直叫长辈减肥！

2. 鼓励长辈多吃一点，不应该限制他们的饮食。

● 胀气

老年人胃肠消化能力较弱，常有未消化完全的食物在肠道内发酵，产生气体，造成胀气的情形。

○解决方式

1. 建议少选用牛奶、奶制品。

2. 豆类要适量。

3. 有些蔬菜容易引起胀气，尤其要注意韭菜、洋葱、大蒜、花椰菜、芹菜、高丽菜等。

4. 主食类的地瓜和芋头容易引起胀气，要适量食用。

5. 少喝汽水可乐等碳酸饮料。

6. 饭后不要马上坐下、或是睡一下，可以适量走动，增加肠胃蠕动。

● 便秘

老年人因牙齿不好，嫌蔬菜不好嚼或水果太酸；嫌水果水分多，一直要上厕所。因此多半不喜欢吃蔬果，使得膳食纤维摄取太少，引起肠蠕动异常，常有便秘问题。

○解决方式

1. 用调理机将蔬菜、水果，连同渣打成果汁，鼓励喝下去

2. 多选择全谷类及豆类以增加膳食纤维。记得运用烹饪技巧，煮得软烂一点。

3. 如果老人家牙齿还可以咬，可选择天然干燥的水果干，补充膳食纤维质。

4. 早餐可以麦麸（Bran）加入豆浆、牛奶、酸奶等等，增加纤维摄取。

5. 可以摄取一些益生菌、酸奶来增加肠道的好菌，以增加肠道的蠕动。

6. 鼓励多喝水，除了可以解决便秘问题，更能帮助增加血液循环，防止血中废物浓度过高。

但是，尽量鼓励白天多喝水，晚餐以后就该避免，免得半夜一直起身上厕所，不但干扰睡眠，还有跌倒受伤的风险。

映蓉博士的餐食料理原则——简单、不需要高超厨艺；食材容易取得，打开冰箱就有；六大类均衡，营养度和早餐店的差很多；快速、简便，起床后十五分钟内即可完成。

Ⅲ

美好日常餐桌风景

一套餐约 600 大卡

类别	蔬菜菇类藻类	豆鱼肉蛋类	全谷根茎类	水果	低脂乳制品	坚果
份数	1 份	1.5 ~ 2 份	1 碗	0.7 ~ 1 份	1 ~ 1.5	1

烹调用油控制在一份 = 一小汤匙 = 约 5 克

01

紫米玉米鲜虾手卷＋烤鲭鱼片＋苹果
坚果色拉＋酪梨牛乳

紫米玉米鲜虾手卷

•

烤鲭鱼片

•

苹果坚果色拉

•

酪梨牛乳

食材

蔬菜、菇类、藻类：萝蔓（50克）+海苔（2～3张）+西红柿（50克）
豆鱼肉蛋类：鲭鱼（50克）+虾（2～3尾）
全谷根茎类：紫米饭（150克）+玉米（50克）
水果类：酪梨（100克）+柠檬（一片
乳品类：低脂奶（240cc）
坚果类：腰果（15克）

作法

A • 紫米玉米鲜虾手卷

1. 将蒸熟的紫米拌入一点水果醋以及玉米。
2. 将 1 放入海苔，最后放上一尾熟虾，即成。

TIPS 睡前把紫米洗好，放入电子锅设定，早上起床即可用。

B • 烤鲭鱼片

1. 将鲭鱼抹上薄盐，放入气炸锅或烤箱，180℃烤 10 分钟。
2. 最后洒上一些胡椒，即成。

TIPS 准备晚餐时，顺便把鲭鱼洗净、切好、抹上薄盐封好放冰箱。

C • 苹果坚果色拉

1. 将萝蔓、小西红柿、苹果切成丁状，最后放上腰果即成。

TIPS 准备晚餐时，顺便把将萝蔓、大西红柿、苹果切成丁状，封好放冰箱。

D • 酪梨牛乳

1. 酪梨加牛奶放入果汁机里面打匀即可。

TIPS 准备晚餐时，先将酪梨切好，封好放冰箱。

各图示中的食材选择（常见制作因应时间需求多以小西红柿为主选项，但此处以大西红柿为食材选择更佳）、分量为示意，正确分量仍需以食谱设计为准。

抢时大作战 | 先烤鱼 10 分钟，中间空档，包手卷、打果汁、装盘色拉。15 分钟可完成！

七彩蔬菜鲔鱼饭团＋
木瓜杏仁酸奶
02

七彩蔬菜鲔鱼饭团

木瓜杏仁酸奶

食材

蔬菜、菇类、藻类：花椰菜（50 克）+ 红萝卜（50 克）
豆鱼肉蛋类：罐头鲔鱼（30 克）+ 蛋（1 个）
全谷根茎类：糙米饭（150 克）（注：白米糙米各一半，饭团比较好捏）+ 玉米（50 克）

水果类：木瓜（150 克）
乳品类：酸奶（240cc）
坚果类：杏仁（15 克）

作法

A • 七彩蔬菜鲔鱼饭团

1. 将蛋煎成蛋皮，之后切小块备用。
2. 花椰菜、红萝卜煮熟后切细备用。
3. 将糙米饭，加入玉米、花椰菜、红萝卜、鲔鱼拌匀。
4. 将 3 用保鲜膜包成三角状，即成。

TIPS 应利用前晚的晚餐制备时，将花椰菜丁、红萝卜丁、蛋皮做好，密封好放于冰箱。睡前在电子锅设定煮糙米饭的时间，起床就可以用。

B • 木瓜杏仁酸奶

1. 将木瓜、杏仁、酸奶一起放入调理机打匀，即成。

TIPS 木瓜可以在前一晚切好，封好放入冰箱。

（各图示中的食材分量为示意，正确分量仍需以食谱设计为准）

抢时大作战 | 先把蛋皮放微波加热后，倒入糙米饭中，开始捏饭团，接着打果汁，15 分钟内完成。

日式鲑鱼茶泡饭
+奇异果酸奶
03

日式鲑鱼茶泡饭

奇异果酸奶

食材

蔬菜、菇类、藻类: 青江菜（50克）、海带（50克）、海苔（1片）
豆鱼肉蛋类: 鲑鱼肉（30克）、蛋皮（30克）、毛豆（30克）、柴鱼（1碗）
全谷根茎类: 糙米饭（200克）

水果类: 奇异果（1颗）
乳品类: 酸奶（240 cc）
坚果: 南瓜子（10克）

作法

A • 日式鲑鱼茶泡饭

1. 将柴鱼、海带加入 1000 cc的水熬煮约 15 分钟，最后用一点昆布酱油调味。
2. 蛋皮煎好，之后切丝备用。
3. 鲑鱼抹上薄盐，放于气炸锅或烤箱，10 分钟，取出后把刺去掉，将鲑鱼肉撕成细丝。
4. 毛豆煮好，备用。
5. 青江菜煮好、切细备用。
6. 把青江菜拌入饭中，接着把蛋皮、鲑鱼、毛豆、海苔置于饭上。
7. 要吃以前，把昆布高汤淋上。

TIPS 以上作法 1 ~ 6 都应在前一晚做好，封好放入冰箱。睡前在电子锅设定煮糙米饭的时间，起床就可以用。

B • 奇异果酸奶

1. 奇异果对切，将果肉挖出，与酸奶、南瓜子一起放入果汁机拌匀。

（各图示中的食材分量为示意，正确分量仍需以食谱设计为准）

抢时大作战 | 起床后把所有食材加热，组装，接着打饮品，10 分钟内可以完成。

04 蔬菜牛肉饭卷＋玉米汤＋当令水果

蔬菜牛肉饭卷
玉米汤
当令水果

食材

蔬菜、菇类、藻类：芦笋（50克）、红萝卜（50克）+海苔（数片）
豆鱼肉蛋类：牛肉片（50克）
全谷根茎类：糙米饭200克（白米、糙米各半）+玉米（50克）
水果类：火龙果（200克）
乳品类：低脂奶（240cc）
坚果类：杏仁（15克）

作法

A • 蔬菜牛肉饭卷

1. 芦笋、红萝卜煮熟，切细丁备用。
2. 牛肉片汆烫熟后，洒些海盐、胡椒备用。
3. 将芦笋、红萝卜细丁、适量果醋拌入饭中。
4. 将海苔铺平，拌好的菜放抹于海苔上，再把牛肉片置中，最后卷成饭卷，切成寿司状。

TIPS 芦笋丁、胡萝卜丁在前一天晚餐时制备好，冷却后封好放入冰箱。睡前在电子锅设定煮糙米饭的时间，起床就可以享用。

B • 玉米汤

1. 将玉米、低脂奶、杏仁放入调理机打匀，倒入锅中煮开，最后用一些盐、胡椒调味即成。

TIPS 玉米汤可在前一天晚餐先制备好，冷却后封好放入冰箱。

C • 当令水果

1. 洗净切好，备用。

TIPS 晚餐时切好水果，封好放冰箱。

（各图示中的食材分量为示意，正确分量仍需以食谱设计为准）

抢时大作战｜起床后先将玉米汤加热，接着，开始卷饭卷，15 分钟内可以完成。

洋葱鸡肉丼饭＋
菠菜坚果浓汤＋当令水果
05

洋葱鸡肉丼饭
菠菜坚果浓汤
当令水果

食材｜

蔬菜、菇类、藻类：洋葱（30克）、花椰菜（30克）红萝卜（10克）、菠菜（30克）

豆鱼肉蛋类：鸡肉（30克）、蛋（1个）

全谷根茎类：糙米（200）

水果类：葡萄（约10颗）

乳品类：低脂奶（240cc）

坚果：腰果（15克）

作法

A · 洋葱鸡肉丼饭

1. 放一些油把洋葱炒烂至金黄色，备用。
2. 鸡肉丁先用适量酱油、大蒜、香油腌一下。
3. 鸡肉丁下锅炒熟，最后放入洋葱拌炒。
4. 花椰菜、红萝卜片煮熟后，备用。
5. 将水煮开后，调成小火，用大汤勺缓缓放入蛋，约5分钟后即成水波蛋。
6. 将糙米饭盛于盘子上，最后把洋葱鸡肉、水波蛋、花椰菜、红萝卜盖于饭上，即成。

TIPS a. 由于洋葱都要炒很久，可以利用假日制作“洋葱冰块”，将炒至金黄色的洋葱，冷却后分装成小袋，放入冷冻库中，需要时再拿出来用。

b.2 ~ 4 可以前一晚就制备好，封好放冰箱。

c. 睡前在电子锅设定煮糙米饭的时间，起床就可以用。

B · 菠菜坚果浓汤

1. 将菠菜炒熟、与坚果、低脂奶倒入调理机中，打至均匀。倒回锅中加热，用适量盐、胡椒调味即可。

TIPS 这道汤品可在前一晚的晚餐时制备完成，冷却后封好放于冰箱。

C · 当令水果

1. 洗净，备用！

TIPS 晚餐时切好水果，封好放冰箱。

（各图示中的食材分量为示意，正确分量仍需以食谱设计为准）

抢时大作战｜起床后，先将汤、洋葱鸡肉、花椰菜、红萝卜放至微波加热。接着开始做水波蛋，最后盛盘。15分钟内可以完成。

06

咖喱蔬菜坚果蛋卷＋低脂奶＋当令水果

食材

蔬菜、菇类、藻类： 高丽菜（40克）、洋葱（40克）、红萝卜（20克）、海苔（数片）

豆鱼肉蛋类： 蛋（2个）

全谷根茎类： 糙米饭（200克，糙米、白米各半）

水果类： 苹果（110克，小苹果1个）

乳品类： 低脂奶（240 cc）

坚果： 杏仁（30克）

作法

A · 咖哩蔬菜坚果蛋卷

1. 将高丽菜丝、洋葱丝、红萝卜丝炒烂，将水挤干后，放入咖哩块拌炒，即成。
2. 杏仁放入调理机磨成粉。
3. 起锅将蛋液煎成蛋皮。
4. 将海苔铺平，饭平铺于海苔上，再将1放于饭上，最后洒上杏仁粉，开始卷成饭卷。
5. 最后，将蛋皮包在饭卷外，之后对切即成。

TIPS a. 上述 1 ~ 3 可在前晚的晚餐时制备，冷却后封好放于冰箱。
b. 睡前在电子锅设定煮糙米饭的时间，起床就可以用。

B · 当令水果

1. 洗净，备用。

TIPS 水果晚餐时洗好，封好放冰箱。

（各图示中的食材分量为示意，正确分量仍需以食谱设计为准）

抢时大作战 | 起床后先将咖哩蔬菜、蛋皮至微波加热。接着开始卷饭卷，最后盛盘。15 分钟内可以完成。

07

焗烤鲜虾蔬果饭＋哈密瓜坚果牛奶

焗烤鲜虾蔬果饭

哈密瓜坚果牛奶

食材

蔬菜、菇类、藻类：花椰菜（40克）、洋葱（40克）

豆鱼肉蛋类：虾（50克）

全谷根茎类：糙米（200克）

水果类：小西红柿（3颗）、哈密瓜（180克），木瓜（1个）

乳品类：焗烤奶酪丝（10克）、低脂奶（1

坚果：腰果（15克）

作法

A • 焗烤鲜虾蔬果饭

1. 虾仁先用酱油、大蒜、适量米酒、胡椒腌一下。
2. 花椰菜烫熟备用，小西红柿对切备用。
3. 把洋葱炒熟、炒软至金黄色。
4. 倒入 1、2 继续炒，一直到虾子熟了。
5. 木瓜把子挖掉后，把饭盛入凹槽，铺上 3 的炒料。
6. 最后铺上焗烤奶酪丝，放入烤箱烤 10 分钟。

TIPS a.1~3 在前晚的晚餐时间先制备好，封好放入冰箱备用。
b. 睡前在电子锅设定煮糙米饭的时间，起床就可以用。

B • 哈密瓜坚果牛奶

1. 将哈密瓜、低脂奶、坚果放入调理机打匀。

TIPS 哈密瓜在前一晚切好，放于冰箱。

（各图示中的食材分量为示意，正确分量仍需以食谱设计为准）

抢时大作战 | 起床后，先做鲜虾蔬果烤饭，趁在烤箱的时间，打果汁，15 分钟内可以完成。

日式细煮+玉米糙米饭+
烤鲭鱼片+水果坚果酸奶
08

日式细煮
玉米糙米饭
烤鲭鱼片
水果坚果酸奶

食材

|

蔬菜、菇类、藻类：红萝卜（20克）、白萝卜（30克）、海带（30克）、青江菜（20克）
豆鱼肉蛋类：鲭鱼（50克）
全谷根茎类：糙米（150克）、玉米（50克）
水果类：香蕉（1/2根）
乳品类：酸奶（240cc）
坚果：核桃（15克）

作法

A • 日式细煮

1. 将红萝卜切块、白萝卜切块、海带切段、葱切段，倒入一些柴鱼酱油、水、一点糖卤，约煮 30 分钟。

TIPS 可以在前一晚的晚餐煮好，冷却封好放入冰箱。隔日欲食用时，另行加热。

B • 玉米糙米饭

1. 青江菜烫熟，切细备用。
2. 将玉米粒、青江菜丝拌入饭中。

TIPS 青江菜及玉米粒煮熟后备妥，冷却封好放入冰箱。

C • 烤鲭鱼片

1. 鲭鱼抹上薄盐，放入烤箱或气炸锅烤 10 分钟。

TIPS 鲭鱼可抹上薄盐，放冰箱备用。

D • 香蕉坚果酸奶

1. 将香蕉、核桃、酸奶倒入调理机中，搅拌均匀。

（各图示中的食材分量为示意，正确分量仍需以食谱设计为准）

抢时大作战 | 起床后，先烤鱼；趁烤鱼的空档，可微波日式细煮，接着做玉米拌饭，打果汁，15 分钟内可以完成。

09

味噌鲑鱼蔬菜握寿司＋番石榴牛奶＋综合坚果

味噌鲑鱼蔬菜握寿司
番石榴牛奶
综合坚果

食材

蔬菜、菇类、藻类： 花椰菜（80 克）
豆鱼肉蛋类： 鲑鱼（60 克）
全谷根茎类： 白米饭（200 克）
水果类： 番石榴（120 克，约 1/2 个）
乳品类： 低脂奶（240cc）
坚果类： 综合坚果

作法

A · 味噌鲑鱼蔬菜握寿司

1. 将味噌放入适量糖，搅拌均匀后，抹上鲑鱼片腌一下。
2. 将花椰菜烫熟后，切碎备用。
3. 蒸熟的饭，倒入花椰菜、果醋拌匀。
4. 将鲑鱼放入烤箱或气炸锅，烤约 10 分钟。
5. 将蔬菜拌饭捏成握寿司状，将烤鲑鱼放在饭卷上。

TIPS a 1 ~ 2 在前晚的晚餐时间先制备好，封好放入冰箱备用。
b 睡前在电子锅设定煮糙米饭的时间，起床就可以用。

B · 番石榴牛奶

1. 将番石榴、牛奶倒入果汁机后，搅拌均匀。

TIPS 番石榴在前晚晚餐时洗净切好，封好后放冰箱。

（各图示中的食材分量为示意，正确分量仍需以食谱设计为准）

抢时大作战 | 床后，先烤鱼；趁烤鱼的空档，可拌饭、捏饭团，接着打果汁，15 分钟内可以完成。

10
当令水果+坚果牛奶
稻禾玉米蔬菜寿司+

食材

蔬菜、菇类、藻类：高丽菜（50克）
豆鱼肉蛋类：蛋（1颗）、豆皮（数个）
全谷根茎类：糙米饭（150克）、玉米（50克）
水果类：奇异果（1颗）
乳品类：低脂奶（240cc）
坚果：综合坚果（15克）

作法

A · 稻禾玉米蔬菜寿司

1. 将高丽菜烫熟切细末后备用。
2. 蛋皮煎好后，切成丁状备用。
3. 将高丽菜丝与玉米一起倒入饭中拌匀。
4. 最后将菜饭塞入豆皮中。

TIPS a 高丽菜丝、蛋皮丁可在前晚的晚餐时制备好，等冷却后封好放入冰箱。
b 睡前电子锅设定煮糙米饭的时间，起床就可以用。

B · 坚果牛奶

1. 将坚果及低脂奶放入调理机中搅拌均匀。

（各图示中的食材分量为示意，正确分量仍需以食谱设计为准）

抢时大作战 | 起床后，先将高丽菜、蛋皮放入微波加热。接着拌饭、塞饭团，接着打坚果牛奶，奇异果对切，15 分钟内可以完成。

每天醒来，想到可以为自己或心爱的家人，准备当日的第一份餐点，心中就多了一分责任与爱。为了彼此健康的生活，一定要在食材与调理方式的选择上，投入更多工夫，才有美好心情迎接一整天!

香烤鸡排菜饭+
蔬果酸奶
11

香烤鸡排菜饭

蔬果酸奶

食材

蔬菜、菇类、藻类：青江菜（40克）、红萝卜（30克）、花椰菜（30克）
豆鱼肉蛋类：鸡肉（50克）
全谷根茎类：糙米（150克）、玉米（50克）
水果类：奇异果（1个）、菠萝（10克
乳品类：酸奶（240cc）
坚果类：黑芝麻（5克）

作法

A・香烤鸡排菜饭

1. 鸡排用适量米酒、大蒜、酱油、胡椒、少许糖腌至少一小时，放入气炸锅或烤箱，180℃烤 10 分钟。
2. 将青江菜、红萝卜、玉米粒煮熟后，青江菜切丝、红萝卜切丁备用。
3. 将 2 倒入饭中拌匀。
4. 最后盛盘即成。

TIPS a. 鸡肉可以前一晚腌好放冰箱。
b. 青江菜丝、红萝卜丁可在前晚的晚餐时刻制备好，等冷却后封好放入冰箱。
c 睡前电子锅设定煮糙米饭的时间，起床就可以用。

B・蔬果酸奶

1. 花椰菜烫好，切细后备用。
2. 奇异果、菠萝洗好、切好备用。
3. 将 1 和 2 的蔬果，和酸奶一起倒入果汁机中搅匀即可。

TIPS 上面 1. 和 2. 的食材，都可以在前一晚备妥放冰箱。

（各图示中的食材分量为示意，正确分量仍需以食谱设计为准）

抢时大作战 | 起床后，先烤鸡腿肉。接着拌饭、打蔬果酸奶，15 分钟内可以完成。

日式
菜鲑鱼饭团+
坚果牛奶+当令水果
12

日式烤蔬菜鲑鱼饭团
·
坚果牛奶
·
当令水果

食材

|

蔬菜、菇类、藻类：葱（30克）、黑木耳（30克）
豆鱼肉蛋类：蛋（1个）、鲑鱼（30克）
全谷根茎类：糙米（200克）

水果类：樱桃（9颗）或当季水果
乳品类：低脂奶（240cc）
坚果类：综合坚果（15克）

作法

A • 日式烤蔬菜鲑鱼饭团

1. 鲑鱼抹上薄盐、胡椒腌一下，接着放入烤箱烤熟，再将鱼肉取出切成细丝。
2. 葱、木耳煮熟、切成细丁后沥干。
3. 接下来把1、2的食材倒入饭中，再加入蛋液；加一点盐、胡椒拌匀，再捏成三角形状。
4. 接着放入烤箱约 10 分钟。

TIPS a 上述作法 1. 2. 可在前一晚的晚餐时间做好，封好放冰箱。
b 睡前电子锅设定煮糙米饭的时间，起床就可以用。

B • 坚果牛奶

1. 将坚果及低脂奶放入调理机中搅拌均匀。

（各图示中的食材分量为示意，正确分量仍需以食谱设计为准）

抢时大作战 | 起床后，先拌饭、捏饭团。接着打坚果牛奶，将前晚洗好的水果拿出，15 分钟内可以完成

13
滑蛋鸡蓉蔬菜玉米粥＋
水果坚果牛奶

滑蛋鸡蓉蔬菜玉米粥

水果坚果牛奶

食材

|

蔬菜、菇类、藻类：高丽菜（60克）、红萝卜（40克）、香菜少许

豆鱼肉蛋类：蛋（1个）、鸡肉（30克）

全谷根茎类：糙米（150克）、玉米（50克）

水果类：当令水果（约2/3碗）

乳品类：酸奶（240cc）

坚果：综合坚果

作法

A · 滑蛋鸡蓉蔬菜玉米粥

1. 将高丽菜、红萝卜切成细丁，和玉米粒一起放入糙米中，加水一起熬成粥。
2. 鸡肉切细丁，先用些酱油、白胡椒、太白粉抓一下、腌一下！
3. 等 1 的粥品滚后，放入 2 的鸡蓉，最后关小火，慢慢倒入蛋液，慢慢搅拌即成。

TIPS 作法中的 1. 和 2. 可以在前一晚的晚餐时间制备完成，冷却后封好放置冰箱。

B · 水果坚果酸奶

1. 将当季水果、坚果及低脂奶放入调理机中搅拌均匀。

TIPS 前一晚可以先将水果洗好、切好放冰箱。

（各图示中的食材分量为示意，正确分量仍需以食谱设计为准）

抢时大作战 | 起床后，先把粥品拿出来加热，接着放入鸡肉和蛋，接着开始打水果坚果牛奶，15 分钟内可以完成。

14

食材

蔬菜、菇类、藻类：鸿禧菇（20克）、高丽菜（60克）、红萝卜（20克）、大蒜少许

豆鱼肉蛋类：猪肉（50克）

全谷根茎类：糙米饭（200克）

水果类：当令水果（约2/3碗）

乳品类：低脂奶（240cc）

坚果类：综合坚果（15克）

作法

A · 鸿禧菇高丽猪肉菜饭

1. 猪肉先用酱油、大蒜、胡椒、少许糖腌一下。
2. 起锅放一点油将鸿禧菇炒香，续放猪肉丝、高丽菜丝、红萝卜丝至一点熟即可，加适量酱油、白胡椒调味，起锅备用。
3. 接着将糙米洗净，放水（比例是米：水 = 1：0.6），接着放 2 炒好的馅料，接着放入电饭锅蒸煮，即可。

TIPS 基本上这道饭，前一晚全部就煮好，一般不会失败。冷却后放冰箱。

B · 坚果牛奶

1. 将坚果及低脂奶放入调理机中搅拌均匀。

（各图示中的食材分量为示意，正确分量仍需以食谱设计为准）

抢时大作战｜起床后，先把鸿禧菇高丽猪肉菜饭微波加热，或放入电锅再蒸热，接着打坚果牛奶，再把前晚切好的水果拿出来，15 分钟内可以完成。

滑蛋虾仁菜饭 +

蘑菇洋葱汤 + 时令水果

15

滑蛋虾仁菜饭
蘑菇洋葱汤
当令水果

食材

蔬菜、菇类、藻类： 青江菜（40克）、蘑菇（30克）、洋葱（20克）
豆鱼肉蛋类： 鲜虾（30克）、蛋（1个）
全谷根茎类： 糙米（200克）、玉米（50克）
水果类： 当令水果（约2/3碗）
乳品类： 低脂奶（240cc）
坚果类： 杏仁（15克）

作法

A • 滑蛋虾仁菜饭

1. 青江菜煮熟切丝备用。
2. 虾仁用酱油、大蒜、一些糖腌一下，备用。
3. 将玉米粒、青江菜丝拌入饭中。
4. 起锅，放一点油把虾仁炒熟，最后关小火倒入蛋液及 2 的虾仁，轻轻搅拌至微微凝固。
5. 最后将虾仁滑蛋淋于菜饭上。

TIPS a. 青江菜烫熟切丝，可在前晚的晚餐备妥后，放入冰箱。
b. 虾仁腌完后，先放入冰箱。
c 睡前电子锅设定煮糙米饭的时间，起床就可以用。

B • 蘑菇洋葱汤

1. 将洋葱炒软至金黄色，接着放入蘑菇片续炒，炒至蘑菇熟透后备用。
2. 将 1 和低脂奶、杏仁倒入调理机中搅拌均匀。
3. 将 2 倒回锅中，加热至滚后，最后加入盐即胡椒调味即成。

TIPS 这道汤品应在前一天晚餐煮好，放冷封好至于冰箱备用。亦可置于食物焖烧罐中，成为随身携带的汤品。

（各图示中的食材分量为示意，正确分量仍需以食谱设计为准）

抢时大作战 | 起床后，先把汤品加热，接着拌菜饭，最后炒滑蛋虾仁，15 分钟内可以完成。

16

茄汁蔬菜蛋饭＋水果坚果酸奶

茄汁蔬菜蛋饭

·

水果坚果酸奶

食材

蔬菜、菇类、藻类：四季豆（30克）、洋葱（30克）、大西红柿（2个）

豆鱼肉蛋类：蛋（1个）

全谷根茎类：糙米饭（200克）

水果类：奇异果（1个）

乳品类：酸奶（240 cc）、焗烤起司适

坚果：南瓜子（15克））

作法

A · 茄汁蔬菜蛋饭

1. 将大西红柿的顶端切开约 1/4 处，挖出果肉备用。西红柿外皮也请留下备用。
2. 起锅，放一些油把洋葱炒至金黄色，加入四季豆丁及西红柿果肉续炒，继续加饭进来炒，加入适量盐及胡椒，最后，加蛋液一直到蛋液完全分散凝固。
3. 最后将炒饭盛入西红柿盅里，表面洒上适量起司，放入烤箱烤 5 分钟。

TIPS 以上作法 1、2 步骤应在前一天晚餐制备完成，冷却后封好放冰箱。

B · 水果坚果酸奶

1. 将当季水果、坚果及酸奶放入调理机中搅拌均匀。

TIPS 前一晚可以先将水果洗好、切好放冰箱。

（各图示中的食材分量为示意，正确分量仍需以食谱设计为准）

抢时大作战 | 起床后，先把炒饭盛入西红柿盅后，洒上焗烤起司入烤箱烤约 10 分钟（因前晚冰冰箱所以要烤久一点），接着打水果坚果酸奶，15 分钟内可以完成。

牛肉蔬菜味噌豆浆煮＋糙米饭＋当令水果

17

牛肉蔬菜味噌豆浆煮

·

糙米饭

·

当令水果

食材

蔬菜、菇类、藻类：山茼蒿（40克）、杏鲍菇（40克）、红萝卜（20克）

豆鱼肉蛋类：牛肉片（50克）、味噌15克

全谷根茎类：糙米饭（200克）

水果类：当令水果

乳品类：无糖豆浆替代（260cc）

坚果类：黑芝麻（5克）

作法

A · 牛肉蔬菜味噌豆浆煮

1. 先将山茼蒿、杏鲍菇、红萝卜烫熟备用。
2. 将一汤匙味噌、一些糖放入无糖豆浆中煮开，之后，再将 1 倒入锅中滚约 5 ~ 10 分钟，使蔬菜入味。
3. 最后，将牛肉放入煮熟即可。

TIPS a. 作法 1、2 可以在前一天的晚餐制备完成，冷却封好后放冰箱。
b. 睡前在电子锅设定煮糙米饭的时间，起床就可以用。

（各图示中的食材分量为示意，正确分量仍需以食谱设计为准）

抢时大作战 | 起床后，先把蔬菜煮的部分加热，之后放入牛肉片煮熟，接着盛饭洒上芝麻，再从冰箱取出水果，15 分钟内可以完成。

蔬菜蛋卷+迷迭香马铃薯+
坚果水果牛奶
18

蔬菜蛋卷

·

迷迭香马铃薯

·

坚果水果牛奶

食材

蔬菜、菇类、藻类：高丽菜（40克）、洋葱（40克）、红萝卜（20克）、迷迭香（少许）

豆鱼肉蛋类：蛋（2颗）

全谷根茎类：马铃薯（360克）

水果类：蓝莓、奇异果、香蕉

乳品类：低脂奶（240cc）

坚果：综合坚果（15克）

作法

A • 蔬菜蛋卷

1. 先将高丽菜丝、洋葱丁、红萝卜丁烫熟后，去掉水分，备用。
2. 把蛋打成蛋液，接着加适量盐，拌匀。
3. 起锅，放一点油将 1、2 倒入锅中，用小火慢慢卷成蛋卷。
4. 起锅后，可以放适量西红柿酱在蛋卷上。

TIPS 前一天晚餐应把 1. 的食材制备好，冷却后封好放冰箱。

B • 迷迭香马铃薯

1. 将马铃薯切成小块后，洒一点橄榄油、迷迭香末拌匀后，放入气炸锅或是烤箱约 10 分钟。
2. 等烤好后，再洒上适量盐和胡椒。

TIPS 前一天晚餐先把马铃薯切成小块备妥。

C • 坚果水果牛奶

1. 把水果洗净、切成小丁，备用。
2. 将坚果、牛奶与水果一起倒入调理机后打匀。

TIPS 前一天晚餐应把所有水果切好，封好放冰箱。

（各图示中的食材分量为示意，正确分量仍需以食谱设计为准）

抢时大作战｜起床后，先烤马铃薯，之后煎蔬菜蛋卷，若无法煎成蛋卷，蔬菜炒蛋也很好吃，接着做坚果水果牛奶，15 分钟内可以完成。

19

西班牙马铃薯烘蛋+坚果番石榴牛奶

西班牙马铃薯烘蛋

·

坚果番石榴牛奶

食材

蔬菜、菇类、藻类： 菠菜（40克）、洋葱（40克）、大西红柿（20克）

豆鱼肉蛋类： 蛋（2个）

全谷根茎类： 马铃薯（360克）

水果类： 番石榴（140克）

乳品类： 低脂奶（240cc）

坚果： 综合坚果（15克）

作法

A • 西班牙马铃薯烘蛋

1. 先将把马铃薯切成小丁，蒸熟备用。
2. 先将洋葱炒香至金黄，加入 1 续炒备用。
3. 将蛋打成蛋液，倒入 1、2 中的食材，将适量盐、胡椒拌匀。
4. 加入菠菜续炒至菠菜有点变软。
5. 最后铺上西红柿片，小火慢慢烘，约 10 ~ 15 分钟。
6. 也可将步骤 5 倒于烤盘中，放于烤箱内烘烤。

TIPS 前一天晚餐应把 1、2 的食材制备好，冷却后封好放冰箱。

B • 坚果番石榴牛奶

1. 把所有水果洗净、切成小丁，备用。
2. 将坚果、牛奶与水果一起倒入调理机后打匀。

TIPS 前一天晚餐应把所有水果切好，封好放冰箱。

（各图示中的食材分量为示意，正确分量仍需以食谱设计为准）

抢时大作战 | 起床后，先做马铃薯烘蛋，趁烘蛋的时间，接着做坚果番石榴牛奶，15 分钟内可以完成。

SEASONS
蔬菜蛋卷＋烤番薯＋
黑芝麻豆浆＋当令水果
20

蔬菜蛋卷
·
烤番薯
·
黑芝麻豆浆
·
当令水果

食材

蔬菜、菇类、藻类： 芦笋（40克）、玉米笋（40克）、红萝卜（20克）

豆鱼肉蛋类： 蛋（1个）、黄豆（熟40克）

全谷根茎类： 番薯（240克）

水果类： 当令水果（2/3碗）

乳品类： --

坚果类： 黑芝麻（15克）

作法

A · 烤番薯

1. 先将把番薯切成小丁，备用。
2. 放于气炸锅或烤箱，烤约 10 分钟。

TIPS 前一天晚餐应把 1 的食材制备好，封好放冰箱。

B · 蔬菜蛋卷

1. 先将芦笋、玉米笋、红萝卜烫熟后，备用。
2. 把蛋打成蛋液，接着加适量盐，拌匀。
3. 起锅，放一点油将 2 倒入锅中，用小火将蛋液煎稍稍凝固后，将 1 的食材放中间，慢慢卷成蛋卷。

TIPS 前一天晚餐应把 1 的食材制备好，冷却后封好放冰箱。

C · 黑芝麻豆浆

1. 将熟的黄豆、黑芝麻、水倒入调理机打匀即成。

TIPS a. 平时可以把黄豆泡过后、蒸熟。等冷却后，分装、封好放入冷冻库。
b. 豆浆可以在前一晚打好，放在冰箱中。亦可加入香蕉一起打，增加甜味。

（各图示中的食材分量为示意，正确分量仍需以食谱设计为准）

抢时大作战 | 起床后，先做烤番薯，趁烤番薯的时间，接着做蛋卷，若无法煎成蛋卷，蔬菜炒蛋也很好吃，15 分钟内可以完成。

很多时候，我们会在料理过程中，考虑过多：食材要不要高贵，调味料是不是舶来品……其实，一道餐点所能给予的，除了料理者的心意之外，应该是丰盛的营养摄取。考验我们的并非厨艺，而是对于食用者的观察与了解，那是一种最深切的体贴。

鲜虾蔬菜地瓜塔佐坚果酱+玉米洋葱汤+当令水果

21

鲜虾蔬菜番薯塔佐坚果

·

玉米洋葱汤

·

当令水果

食材

蔬菜、菇类、藻类：花椰菜（40 克）、洋葱（40 克）
豆鱼肉蛋类：蛋（1 颗）、鲜虾（30 克）
全谷根茎类：番薯（200 克）、玉米（40 克）

水果类：当令水果（约 2/3 碗）
乳品类：低脂奶（240cc）
坚果：杏仁（15 克）

作法

A • 鲜虾蔬菜番薯塔佐坚果酱

1. 先将把番薯成块，备用。
2. 将花椰菜、鲜虾烫熟备用。
3. 番薯块放于气炸锅或烤箱，烤约 10 分钟。
4. 接着用牙签把虾、花椰菜串成鲜虾蔬菜地瓜塔。

TIPS 前一天晚餐应把 1 和 2 的食材制备好，封好放冰箱。

B • 玉米洋葱汤

1. 将洋葱炒软至金黄色，备用。
2. 将洋葱、玉米、低脂奶丢到调理机打匀，倒入锅中煮开。
3. 最后关小火，加适量盐、胡椒调味，慢慢倒入蛋液，轻轻搅拌一下即成。

TIPS 玉米汤可在前一天晚餐先制备好，冷却后封好放入冰箱。

C • 坚果酱

1. 将杏仁、适量蒸好的地瓜、一点鲜奶，放入调理机中打成酱。

TIPS 坚果酱可在前一天晚餐先制备好，冷却后封好放入冰箱。

（各图示中的食材分量为示意，正确分量仍需以食谱设计为准）

抢时大作战 | 起床后，先做烤番薯，趁烤番薯的时间，接着把虾、花椰菜、玉米汤放入微波炉加热，等番薯烤好后就开始串鲜虾蔬菜地瓜塔，15 分钟内可以完成。

南瓜蔬菜蛋卷＋蘑菇坚果汤＋
当令水果
22

南瓜蔬菜蛋卷
当令水果

食材

|

蔬菜、菇类、藻类：蘑菇（30 克）、洋葱（20 克）、芦笋（50 克）

豆鱼肉蛋类：蛋（2 个）

全谷根茎类：南瓜（300 克）

水果类：当令水果（2/3 碗）

乳品类：低脂奶（240cc）

坚果：腰果（15 克）

作法

A · 南瓜蔬菜蛋卷

1. 芦笋烫熟备用。
2. 将南瓜蒸熟，放入调理机打成南瓜泥，备用。
3. 起锅，放油将蛋液倒入锅中，小火煎成蛋皮，备用。
4. 取出蛋皮，将南瓜泥抹于蛋皮上，再将芦笋放中间，最后卷成蛋卷。

TIPS 前一天晚餐应把 1 ～ 3 的食材制备好，封好放冰箱。

B · 蘑菇洋葱汤

4. 将洋葱炒软至金黄色，接着放入蘑菇片续炒，炒至蘑菇熟透后备用。
5. 将 1 和低脂奶、杏仁倒入调理机中搅拌均匀。
6. 再将 2 倒回锅中，加热至滚后，最后加入盐及胡椒调味即成。

TIPS 这道汤品应在前一天晚餐全部煮好，放冷封好至于冰箱备用。

（各图示中的食材分量为示意，正确分量仍需以食谱设计为准）

抢时大作战 | 起床后，将芦笋、南瓜泥、蛋皮、蘑菇洋葱汤都放入微波加热，接着开始卷南瓜蔬菜卷，15 分钟内可以完成。

23

蔬菜佐木瓜百香果酱＋水煮玉米＋水煮蛋＋坚果牛奶

佐木瓜百香果酱

·

水煮玉米

·

水煮蛋

·

坚果牛奶

食材

|

蔬菜、菇类、藻类：芦笋（30克）、玉米笋（30克）、红萝卜（20克）、木耳（20克）

豆鱼肉蛋类：蛋（1个）

全谷根茎类：玉米（1根）

水果类：小西红柿（5颗）、木瓜（50
百香果（1个）

乳品类：低脂奶（240cc）

坚果：综合坚果（15克）

作法

A • 水煮玉米

1. 可将玉米放到水中煮熟、也可放到电饭锅蒸熟备用。

TIPS 前一天晚餐应玉米先煮熟，封好放冰箱。

B • 水煮蛋

1. 水滚后，将火关掉，将蛋放入水中，盖锅盖闷 15 分钟。

TIPS 前一天晚餐应将水煮蛋先煮熟，封好放冰箱。

C • 蔬菜佐木瓜百香果酱

1. 将芦笋、玉米笋、红萝卜、木耳烫熟后，切成段备用。
2. 将木瓜、百香果一起打成果泥，当成色拉酱。
3. 将 1 食材和小西红柿一起摆盘后，淋上 2 的色拉酱。

TIPS 前一天晚餐先将 1 ~ 2 制备好，放冷后封好放冰箱。

D • 坚果牛奶

1. 将坚果与牛奶，一起倒入调理机后打匀。

（各图示中的食材分量为示意，正确分量仍需以食谱设计为准）

抢时大作战 | 起床后，将水煮玉米、水煮蛋放入微波炉加热，接着做蔬菜佐木瓜百香果酱，15 分钟内可以完成。

24

南瓜坚果金黄蔬菜卷＋西红柿蔬菜浓汤

南瓜坚果金黄蔬菜卷

·

西红柿蔬菜浓汤

食材

蔬菜、菇类、藻类：萝蔓生菜（2片）、苜宿芽（20克）、高丽菜（40克）、洋葱（洋葱）

豆鱼肉蛋类：蛋（1个）

全谷根茎类：玉米（50克）、南瓜（100克）、马铃薯（100克）

水果类：小西红柿（2/3碗）、葡萄干

乳品类：低脂奶（240cc）

坚果：综合坚果（15克）

作法

A • 南瓜玉米坚果金黄蔬菜卷

1. 南瓜切小块蒸熟备用。
2. 玉米粒煮熟备用。
3. 水煮蛋煮熟、切丁备用。
4. 萝蔓生菜上放苜宿芽，再放上 1 ~ 3 的食材，最后洒上坚果及葡萄干。

TIPS 前一天晚餐先将 1 ~ 3 制备好，放冷后封好放冰箱。

B • 西红柿蔬菜浓汤

1. 先将洋葱炒至金黄色。
2. 加入高丽菜续炒至高丽菜软。
3. 最后加入小西红柿炒一下。
4. 马铃薯切块、蒸熟备用。
5. 接着把 1 和 2 的食材倒入果汁机中，再倒入低脂奶，搅至均匀。
6. 再把 5 倒回锅中加热，最后用适量盐、胡椒调味。

TIPS 此道汤品应在前一晚就制备好。亦可置于食物焖烧罐中，成为随身携带的汤品。

（各图示中的食材分量为示意，正确分量仍需以食谱设计为准）

抢时大作战｜起床后，将汤品放入微波炉加热，接着做南瓜玉米坚果金黄蔬菜卷，15 分钟内可以完成。

烤地瓜条+综合色拉+黑芝麻豆浆

25

烤地瓜条

综合色拉

黑芝麻豆浆

食材

蔬菜、菇类、藻类： 莴苣（40克）、玉米笋（40克）、红萝卜（20克）

豆鱼肉蛋类： 蛋（1个）、黄豆（熟40克）

全谷根茎类： 玉米（40克）、地瓜（200克）

水果类： 小西红柿（2/3碗）

乳品类： --

坚果： 黑芝麻（15克）

作法

A • 烤地瓜条

1. 将地瓜切成薯条状，备用。
2. 地瓜条加一点橄榄油拌匀后，放入气炸锅或是烤箱，烤约 10 分钟。

TIPS 前一天晚餐先将地瓜条制备好，放冷后封好放冰箱。

B • 综合色拉

1. 水煮蛋煮好后，备用。
2. 先将玉米笋、红萝卜煮熟，切成小块备用，莴苣洗好备用。
3. 将洗好的莴苣、玉米笋、红萝卜、玉米、小西红柿、水煮蛋盛盘，最后淋上一点橄榄油及巴沙米可醋。

TIPS 前一天晚餐先将 1 ~ 2 食材制备好，放冷后封好放冰箱。

C • 黑芝麻豆浆

1. 将熟的黄豆、黑芝麻、水倒入调理机打匀即成。

TIPS a. 平时可以把黄豆泡过后、蒸熟。等冷却后，分装、封好放入冷冻库。
b. 豆浆可以在前一晚打好，放在冰箱中。
c. 亦可加入香蕉一起打，增加甜味。

（各图示中的食材分量为示意，正确分量仍需以食谱设计为准）

抢时大作战 | 起床后，烤地瓜条，接着做综合色拉，最后打黑芝麻豆浆，15 分钟内可以完成。

蔬菜麦片松饼+
水果坚果酸奶
26

蔬菜麦片松饼

水果坚果酸奶

食材

蔬菜、菇类、藻类：花椰菜（40 克）、红萝卜（40 克）
豆鱼肉蛋类：蛋（2 颗）
全谷根茎类：玉米（100 克）、麦片（40 克）
水果类：苹果（1 小个）
乳品类：酸奶（240cc）
坚果：杏仁（15 克）

作法

A · 蔬菜麦片松饼

1. 将花椰菜、红萝卜烫熟后，切成小丁，备用。
2. 熟玉米与速溶麦片放入调理机打成玉米糊，代替面糊，备用。
3. 将 1、2 的食材分别加入蛋液，并放适量盐、糖、白胡椒调味。
4. 将 3 放到锅中煎成松饼状。

TIPS 前一天晚餐先将 1 ~ 2 食材制备好，放冷后封好放冰箱。

B · 水果坚果酸奶

1. 将水果、坚果、酸奶放至调理机中拌匀即成。

（各图示中的食材分量为示意，正确分量仍需以食谱设计为准）

抢时大作战 | 起床后，就开始煎蔬菜松饼（若来不及，可前晚就将松饼煎好，起床时微波加热即可），最后水果坚果酸奶，15 分钟内可以完成。

27
蔬菜玉米蛋饼＋
南瓜坚果豆浆＋当令水果

食材

|

蔬菜、菇类、藻类：葱（30克）、红萝卜（30克）、木耳（30克）
豆鱼肉蛋类：蛋（2个）、黄豆（熟40克）
全谷根茎类：玉米（150克）、南瓜（100克）

水果类：奇异果（1个）
乳品类：--
坚果：黑芝麻

作法

A · 蔬菜玉米蛋饼

1. 先将葱、红萝卜、木耳烫熟、切细后，把水沥干备用。
2. 蛋液打好后，放些盐、糖、白胡椒调味，搅拌均匀。
3. 起锅，放些油，将 2 倒入锅中。
4. 续将 1 的食材与玉米倒入，煎成蛋饼。

TIPS 前一天晚餐先将 1 ~ 2 食材制备好，放冷后封好放冰箱。

B · 南瓜坚果豆浆

1. 南瓜先蒸熟、切块备用。
2. 黄豆先泡好、蒸好，备用。
3. 将南瓜、黄豆及适量的水倒入调理机中打匀，即成。

TIPS 前一天晚餐先将 1 ~ 2 食材制备好，放冷后封好放冰箱。

（各图示中的食材分量为示意，正确分量仍需以食谱设计为准）

抢时大作战 | 起床后，就开始煎蔬菜玉米蛋饼（若来不及，可前晚就将蛋饼煎好，起床时微波加热即可），接着打南瓜坚果豆浆，最后拿出切好的水果，15 分钟内可以完成。

28

高丽菜卷＋南瓜坚果浓汤＋当令水果

高丽菜卷

•

南瓜坚果浓汤

•

当令水果

食材

蔬菜、菇类、藻类：高丽菜（30克）、葱（10克）、红萝卜（20克）、洋葱（40克）

豆鱼肉蛋类：猪肉馅（60克）

全谷根茎类：南瓜（200克）、马铃薯（200克）

水果类：小西红柿（2/3碗）

乳品类：低脂奶（240cc）

坚果：腰果（15克）

作法

A · 高丽菜卷

1. 马铃薯蒸熟压成泥，备用。
2. 葱、红萝卜切成细末，备用。
3. 将 1 和 2 与猪肉馅混匀备用。
4. 高丽菜片烫熟备用。
5. 高丽菜铺平，将 3 的馅料放于高丽菜片中间，卷成高丽菜卷。
6. 将高丽菜卷放电饭锅，蒸约 10 分钟。

TIPS 前一天晚餐先将 1 ~ 5 食材制备好，放冷后封好放冰箱。

B · 南瓜坚果浓汤

1. 南瓜蒸熟，切块备用。
2. 洋葱炒到软至金黄色备用。
3. 将南瓜、洋葱、腰果、低脂奶放入调理机中打细至均匀。
4. 将 2 倒入锅中加热，最后加一点盐和胡椒即成。

TIPS 前一天晚餐先将这道汤品制备好，放冷后封好放冰箱。

（各图示中的食材分量为示意，正确分量仍需以食谱设计为准）

抢时大作战 | 起床后，就开始蒸高丽菜卷（若来不及，可前晚将高丽菜卷蒸熟，起床时微波加热即可），接着微波南瓜坚果浓汤，最后拿出切好的水果，15 分钟内可以完成。

蔬菜鸡肉卷+水煮玉米+
红萝卜汁葱浓汤+当令水果
29

蔬菜鸡肉卷

+

水煮玉米

+

红萝卜洋葱浓汤

+

当令水果

食材 |

蔬菜、菇类、藻类： 玉米笋（20克）、洋葱（20克）、红萝卜（40克）、芦笋（20克）
豆鱼肉蛋类： 鸡腿肉（60克）
全谷根茎类： 玉米（200克）
水果类： 当令水果（2/3碗）
乳品类： 酸奶（240cc）
坚果： 腰果（15克）

作法

A • 水煮玉米

1. 将玉米放入电饭锅蒸熟。

TIPS 前一天晚餐时先将玉米蒸熟，放冷后封好放冰箱。

B • 蔬菜鸡肉卷

1. 鸡腿肉用一些大蒜、酱油、糖、胡椒腌至少 1 个小时备用。
2. 玉米笋、红萝卜、芦笋烫熟、切成条状备用。
3. 将鸡腿肉平铺放于保鲜膜上，接着将蔬菜放在鸡腿肉中间，利用保鲜膜将鸡腿肉与蔬菜卷成糖果状备用。（亦可用铝箔纸卷好之做法。）
4. 将 3 放于滚水中，煮 15 分钟。（若采用铝箔纸之做法，可放入烤箱烤约 10 ~ 15 分钟）
5. 煮熟后，将肉卷从保鲜膜取出，切成圆环状即成。

TIPS 前一天晚餐时先将 1 ~ 3 步骤先制备好，放冷后封好放冰箱。

* 保鲜膜请使用耐高温保鲜膜，若不安心，可使用铝箔纸代替将鸡腿卷起，放入滚水中煮熟。

C • 红萝卜洋葱浓汤

1. 洋葱炒软至金黄色备用。
2. 起锅加油，将红萝卜丝炒到软烂备用。
3. 将 1、2 食材、腰果及低脂奶，倒入调理机中打匀。
4. 将 3 倒入锅中加热，最后加一点盐和胡椒即成。

TIPS 前一天晚餐先将这道汤品制备好，放冷后封好放冰箱。

（各图示中的食材分量为示意，正确分量仍需以食谱设计为准）

抢时大作战 | 起床后，就开始煮鸡肉卷，接着微波水煮玉米及红萝卜洋葱浓汤，最后拿出切好的水果，15 分钟内可以完成。

30

蔬菜鲔鱼炒蛋＋马铃薯烤饼＋

花椰菜水果坚果酸奶

蔬菜鲔鱼炒蛋

马铃薯烤饼

花椰菜水果坚果酸奶

食材

蔬菜、菇类、藻类：花椰菜（20克）、红萝卜（40克）、四季豆（40克）

豆鱼肉蛋类：蛋（1个）、鲔鱼（30克）

全谷根茎类：马铃薯（180克）玉米（100克）

水果类：番石榴（2/3碗）

乳品类：酸奶（240cc）

坚果：南瓜子（15克）

作法

A • 马铃薯烤饼

1. 马铃薯洗净，连皮切成薄片。
2. 放入烤箱或气炸锅，烤约 10 分钟即成。

TIPS 前一天晚餐先将 1. 食材先制备好，放冷后封好放冰箱。

B • 蔬菜鲔鱼炒蛋

1. 红萝卜、四季豆烫熟后，切丁备用。鲔鱼备用。
2. 将蛋液打散于锅中。
3. 将 1 加入蛋液中。
4. 续将鲔鱼加入蛋液中，放一些盐、胡椒调味，炒熟即成。

TIPS 前一天晚餐时先将 1 食材先制备好，放冷后封好放冰箱。

C • 花椰菜水果坚果酸奶

1. 先将花椰菜烫熟后备用。
2. 将花椰菜、番石榴、南瓜子倒入调理机打匀后即成。

TIPS 前一天晚餐时先将 1 食材先制备好，放冷后封好放冰箱。

（各图示中的食材分量为示意，正确分量仍需以食谱设计为准）

抢时大作战 | 起床后，就开始烤马铃薯饼，接着炒蔬菜鲔鱼炒蛋、最后打花椰菜水果坚果酸奶，15 分钟内可以完成。

社会越是高度发展，越会有更多饮食与健康上的疑虑产生，不论是因为饮食文化的融合与改变还是社会大众对营养问题的日渐重视……终归而言，正确有效的营养摄取和日常运动的维持，两者并行不可偏废，而之所以有如此多问题层出不穷，主因是来自人对食物的欲望。

Ⅳ

映蓉博士的营养相谈所

Q1 先吃水果？先吃正餐？

Q2 食欲不振与宵夜暴食的调整？

Q3 吃素等于健康、营养？

Q4 咖啡提神？红酒助眠？牛奶增高？…… 坊间迷思或科学根据？

Q5 如何改善孩子偏食的问题？

Q6 如何维持身体代谢机能？

Q7 如何提升老年人的精力？

Q8 过敏、失眠、焦虑……文明病的预防与调整？

Q9 对于糖、脂肪、盐的控制？

Q10 关于抗皱、美白、紧致……与营养学有关？

Q11 如何分辨碳水化合物的优劣？

Q12 早午餐的盛行与饮食节奏的改变？

Q13 日常运动与营养的正确配合？

Q1 先吃水果？先吃正餐？

视个人身体状况而定，如果是高血糖与糖尿病患者，甚至要减重的人，强烈建议不要先吃水果。因为水果里含有较多小分子的糖类，在空腹时食用如葡萄、释迦以及芒果等这些很甜的水果，在肠胃道没有任何缓冲的情况下，很容易吸收来自水果的糖分，导致血糖会立即飙高，此刻会分泌胰岛素，将之拉回原来的水平，然而胰岛素除了降低人体吸收到高量糖分之外，也是一种能合成脂肪的荷尔蒙。所以在吸收到大量糖分使胰岛素分泌的同时，也刺激了体内脂肪的产生。因此建议高血糖与糖尿病患者以及要减重或是减脂的人，避免在空腹时食用糖分含量高的水果。

在营养学中会把蔬菜和水果划分得很清楚，但在一般民众的观念里，时常会有所混淆。在“蔬果 579”（12 岁以内的儿童，每天摄取五份新鲜蔬菜水果，包含三份蔬菜两份水果；12 岁以上的女性，每天应摄食七份蔬菜水果，包含四份蔬菜及三份水果；而青少年与所有男性，应摄食九份蔬菜水果，包含五份蔬菜及四份水果）的饮食原则下，蔬菜量应该比水果多，想要减重的外食族，常因食用比例错误以致成效不如预期。

虽然有理论指出，先吃水果可产生酵素以帮助肠胃消化，但其酵素并非相当强效，故建议在每一餐中先吃含糖分低的蔬菜，后吃含有蛋白质的豆、鱼、肉、蛋类，进而再吃米饭与面包等淀粉类，最后才吃水果。如西餐中的饮食顺序，建议将面包放在肉类等主餐后食用，依序为色拉、肉类、面包、水果，此一饮食顺序可以有效控制脂肪与血糖。

另外，若想要在空腹时食用水果，建议可以吃 GI 值（Glycemic Index，意指升糖指数，高 GI 值食物，会造成血糖上升太快，低 GI 食物则能稳定血糖、提供饱足感）较低的种类，如番石榴、苹果等等，并且连带将含有纤维的果皮一同食用，因为纤维可以使摄取进体内的糖分得到适当的缓冲。

Q2 食欲不振与
宵夜暴食的调整？

食欲不振与是否有适量运动，两者之间有极大关联性。食欲不振的患者通常是缺乏运动，以致体内无法有良好的代谢作用，留存于体内的能量若没有消耗，身体就不会有与之相应的食物需求。对于大多数以减重为目标的人而言，通常会有既不消耗体内能量，也不摄取营养的错误饮食观念，这样的饮食习惯会造成体内代谢不足，并且无法获得平时所需要的各种营养，导致身体应有的机能逐渐低于正常水平。

有吃宵夜习惯的人，多半在日间活动时，因为各种因素而压抑住食欲，导致在正常的晚餐时间点过后，产生补偿心理而过量进食。而如果在睡眠时，与前一次进食时间相隔太近，身体的消化机能仍然在运作，以致使体内的消化系统不能得到充分休眠，容易产生胃食道逆流。因此，即便是因为工作关系，影响了进食时间，也必须要有一套属于自己的饮食节奏，以及掌握每日的最后一餐与睡眠的时间间隔，最好为 3 ~ 4 个小时，让胃中的食物得到充分消化，才是上上策。

Q3 吃素等于健康、营养？

素食，并不一定与健康划上等号，甚至因为食物种类相对较少（不吃肉、不吃奶蛋等等各种不同原则）的前提下，往往更需要正确的营养知识，多花费一份心力，才能赢得真正的健康。以吃素的人而言，常见的问题是加工面包的食用量比非素食者更多，同时为满足食欲需求，更会选择食用许多油料不明的加工素肉。素肉的制成方式，多数是用含有较多反式脂肪酸、较饱和的酥油，而其反式脂肪酸在体内增加胆固醇的效力，比猪油高出许多，导致有些长期素食者的胆固醇都明显偏高。建议素食者应该避免食用加工食品，以菇类、蔬菜、海藻，或者是如毛豆、黄豆、黑豆等等，含有蛋白质较高的豆类，作为食材上的运用主体，相对较能有效取得营养的平衡。

Q4 咖啡提神？红酒助眠？牛奶增高？…… 坊间迷思或科学根据？

1. 咖啡中含有的咖啡因会助人提神，而咖啡也会增加体内的压力荷尔蒙（又称肾上腺皮质醇、可的松），使精神处于备战状态。然而，人体在昼夜之间，此荷尔蒙自然有分泌的规律性，为维持正常的体内规律，白天为了应付生活的各种状况，分泌较多，随着日落而息的惯性，此荷尔蒙的分泌会减少。因此，我们不应该违抗身体分泌可的松的规律，尽量不要在下午、太阳下山后喝咖啡。长期在不对的时间饮用咖啡，会使压力荷尔蒙持续维持在高峰，造成掉发、肥胖等问题。

许多关于咖啡对人体影响的研究以及美国 2016 年新版的饮食指南指出，每天喝中量咖啡（3 ~ 5 杯，或 1 天 400 毫克以内的咖啡因）并不会对正常成人造成长期健康风险。另有证据显示喝咖啡也可降低罹患第 2 型糖尿病和心血管疾病的机会，也似乎可以预防巴金森氏症。因此饮食指南认为“适量喝咖啡是好事，可排进你的饮食计划里”。

2. 红酒对于助眠并无直接效用，但其中的红酒多酚等抗氧化成分，在每日摄取 100cc 以内的情况下，对人体也是有帮助的。

3. 很多母亲总是全心全意为了孩子的营养而盘算，却没有理解孩子能否健康发育，还需要各环节的配合。对于成长阶段的孩童而言，单就摄取牛奶中的钙质是绝对不够的，还需要充足的睡眠与日常户外活动。多晒太阳以得到维生素 D，促使摄取的钙质得以吸收入体内；但是进入体内后，仍然随着血液在体内循环，无法有效附着在骨头上，这时则需要摄取绿色蔬菜中含有的维生素 K，将钙质带至骨头上的骨钙素蛋白质里，进而形成一连串生化反应，骨头才能有效吸收营养。在此建议每一位辛苦的母亲，如果希望孩子能有良好成长，在营养素的摄取上，一定要有全盘了解，才能做出对孩子最有利的决定。

Q5 如何改善孩子偏食的问题?

以一般孩童而言，主要的偏食状况是蔬菜类吃得不够。原因在于大多数家长烹调蔬菜的方式都是以清炒为主，味道清淡，蔬菜原味相对较重，使孩童避之唯恐不及。为了改善孩童此一行为，可以尝试不同的烹调方式，如蔬菜浓汤：将炒过的菠菜与牛奶以果汁机搅拌在一起，再加入洋葱等等配料；或者将蔬菜切得细碎并混入饭团中，再搭配玉米、海苔等等。蔬菜的好处甚多，尤其现今孩童接触3C产品的频率非常高，平均视力不如以往，更需要菠菜、花椰菜和玉米等等含有叶黄素的食物，像是戴着隐形的太阳眼镜，以遮挡由屏幕所发出的蓝光。完善为了孩子的健康，家长一定要付出更多心思，让他们在成长过程中，踏出健康的第一步。

Q6 如何维持身体代谢机能？

对于代谢功能而言，进食量越少，代谢越少；想要减重的人，依照每日所需热量及相应体重计算，假设本应摄取 1,500 大卡，但因减重计划只摄取了 1,000 大卡，长久下来，身体便得知每日只需摄取比正常所需量还低的热量，导致整体代谢机能往下降，这会种下日后复胖的祸因。

身体的代谢功能越强，就越不需要担心发胖的问题，像是体内的柴火烧旺了之后（燃烧脂肪），就有了吃不胖的本钱。为了提升良好的代谢功能，最重要的是通过运动锻炼出足够的肌肉量。肌肉像是燃烧脂肪的工厂，当肌肉多时，脂肪容易被肌肉所燃烧。体重的维持固然重要，但现今多数人持有的错误减重观念，常会把肌肉也一起减掉了，像是燃烧脂肪的工厂倒闭了一般，造成代谢功能下降。

譬如现今的老年人，许多都有肌少症问题，但要解决此一症状绝对不只是增进其进食量这么简单，因其摄取的食物大多是囤积脂肪而非肌肉。我们必须通过长期的运动、锻炼，借由此刺激让身体收到其所锻炼的部位是在活动、需要营养的信息，才能使摄取的营养被吸收进自己所锻炼的肌肉部位。

在许多人的观念中，认为摄取大量蛋白质会使身体变得强壮，但是，若没有通过锻炼，吃再多的蛋白质也不会长成肌肉。一旦摄取过量，就会被代谢掉，进而增加肝、肾的负担，造成相关功能器官的过劳状况，反而失去了补充营养的意义。

Q7 如何提升老年人的精力？

我们都知道要趁年轻，存好“骨本”，除此之外也要“储存肌肉本”，让身体的每一块肌肉都有其存在的必要性。尤其鼓励老年人尝试室内脚踏车的运动，或者在户外时，能够进行太极拳等舒缓运动，增进下肢肌肉的活动量，藉此刺激身体摄取的营养能够被肌肉所吸收、变得强壮。此举可增加步行时的稳健度，防止老年人因骨质下滑时，可能因大意跌倒所带来的伤害。虽然，当人迈入老年阶段时，生理机能无可避免地会走下坡路，但持续性的良好饮食习惯以及锻炼肌肉，可以使老化、衰弱的现象得到减缓，并且维系良好的精力。

至于，近来日益常见的失智症问题，则可以藉由“地中海饮食法”来预防。主要食用橄榄油、豆类、蔬菜、鱼类（白肉）、坚果等食材；但为求营养均衡，红肉（如牛、猪等）也应当等适量摄取，因人体对于牛、猪瘦肉中含有的铁质，仍是有所需求的。

因此要提升老年人的精力，饮食与运动是同等重要的。

Q8 过敏、失眠、焦虑……文明病的预防与调整？

许多现代人常有的焦虑、压力等问题的显现，与饮食上的正确与否有很大关系。当饮食不均衡时，脑部的神经传导物质相对也就失衡。如摄取过量的咖啡会产生焦虑、失眠的问题，打乱体内分泌的荷尔蒙所拥有的正常规律；在错误的减肥行为中，往往淀粉类的摄取量过低，以致造成可体松的分泌增加，同样会衍生出失眠、焦虑和躁郁等问题产生；当来自蔬菜中的维生素 B6、叶酸等物质摄取不够时，就无法制造出足够的脑神经传导物质，这些现象也间接反映了人们较少探讨关于饮食不均与精神疾病两者之间的关系。

现代人常因一时的情绪忧郁，或因精神的影响缺乏自制力，在饮食上的选择会比较偏向垃圾食物，如甜食、快餐、油炸食物等等。尤其吃甜食可使人体获得葡萄糖，从而使脑部产生愉悦感，但要舒解精神上的问题，体内真正需要的是可以抗忧郁的荷尔蒙——血清素。制造血清素需要来自蛋豆鱼肉类的蛋白质，以及来自蔬菜中的维生素 C 和维生素 B6 等物质，藉由多方面的营养摄取才能供给制造血清素之所需。

许多对人体没有帮助的食物总是会吸引人们去吃的主要原因，是源自那些食物中含有的糖。糖的分子结构会刺激脑部，像吗啡一般使人产生愉悦感。如何提升自制力，必须是由长期的营养相关的知识教育，以得到正确的认知进而形成良好的习惯。

人体内的细胞都有固定的生命周期，同时也会通过每一餐中所摄取的营养不断重建，而细胞上的细胞膜大多是由油脂构成的。若吃进的油脂是比较好的油，体内细胞就会比较健康；而若吃进的油脂都是来自盐酥鸡之类的垃圾食物，细胞膜就相对长得破破烂烂。所以必须意识到我们的身体是由我们每一餐所吃的食物构成的，可见饮食对于一些文明病的预防与调整是多么重要。

Q9 对于糖、脂肪、盐的控制?

1. 脂肪是必要的，除了是构成细胞膜的重要物质外，在代谢进体内后，还能够转化为调解免疫功能的物质。在油脂的挑选与摄取方面，尽量利用来自食物本身的油脂，烹调肉类、煎（烤）鱼时，因其本身油脂丰富，额外使用的油越少越好。

是否烹调用油选择植物油一定对人体有帮助？这需要依使用方式而定。若是将植物油用于油炸，其结构将转变成对人体有害的油脂。若不是用高温的烹调方式，我还是建议选用植物油较好。关于食用油的选择有一些网络谣言，例如芥花油会致癌，这种说法是错误的，反而其成分中的脂肪酸的比例，对人体是有帮助的；橄榄油的成分中含有较多的单元不饱和脂肪酸，对人体也有帮助，但是，初榨橄榄油只建议用来沾面包、拌色拉、或凉拌；此外，苦茶油也是我较为建议使用的油类。

而动物性油脂如猪油、牛油，放置于较低温的空气中会凝固，相对而言也会在血管中凝固，应尽量少吃；而我们吃的很多肉品本身，已经含有不少饱和油脂了，我们不需要在烹调时再加入这些饱和的动物油脂。 而且在美国 2016 年新版的饮食指南中，明确指出每日摄取的饱和脂肪不要超过每天应摄取热量的 10％，因此，我不推荐烹调用油使用动物性油脂。

2. 对于摄取人体所需的矿物质而言，并非一定要从食用盐中取得，也可在其他食物中找到替代。除均衡饮食外，也能有效控制住盐分中氯化钠的钠离子的摄取量，建议一天中盐的摄取量不超过六克。而这六克的量很容易超过，所以，我们平常应训练自己吃得清淡一点，不要养成吃重咸的习惯。

此外，由于欧美饮食文化的引进，日渐盛行的海盐、岩盐等盐类，因成分内没有碘，对身体没有直接帮助。所以，对于盐的使用，我建议使用最一般的精盐就好，若没有甲状腺的问题，最好选用含碘盐。

3. 对我而言，饮食的最大原则，永远是设法把糖从饮食中移开。我指的是额外加入食物里的糖，像是喝咖啡时加的糖、含糖饮料里的糖、做甜点时放的糖等等，不管是蔗糖、冰糖、果糖，还是蜂蜜，都应该尽量避免！因为这些糖是用来满足味蕾的，其实，我们完全不需要，身体所需要的“血糖”可以从食物中获得。当我们吃了额外的糖分，血糖快速升高，此时，必须产生胰岛素把血糖拉回原来水平，而胰岛素同时是合成脂肪重要的荷尔蒙。如果，一直吃甜的，就会持续刺激胰岛素分泌，增加体内脂肪合成的机率。糖不只让我们胖而已，现在已经证实和发炎、老化、癌症等有关联。所以，“少吃糖”是一辈子应该遵守的饮食习惯。

Oster

Q10 关于抗皱、美白、紧致……与营养学有关？

想要保持肌肤年轻、紧致的人，首先需要了解，当体内蛋白质保有弹性的情况下，可以使脸部不会有皱纹。如果摄取过多经由加工的糖，很快会使血糖升高，我把它叫作“快糖”。体内有太多“快糖”随血液流窜，会黏附在胶原蛋白上，进而形成一种不可逆的结合物，使整体细胞功能下降，失去原有的弹性，导致脸部皱纹产生。此外，在摄取过量的糖之后，血液中的糖也会附着在血管壁上，渐渐使血管失去弹性，血压升高，衍生出心血管疾病；而若是糖分与眼球水晶体中的蛋白质产生反应，更可能导致白内障的发生。因此，吃太多精致的糖绝对是加速身体老化的凶手之一。

反之，来自全谷根茎类中的多糖，须经过多次咀嚼才会有甜味，也就是说这些多糖必须经过消化分解，才会变成葡萄糖，再加上原态食物中含有纤维，人体对这些原本就存在于食物中的糖类吸收较慢，在此我称它为“慢糖”。因为这些糖是慢慢被吸收的，身体有时间来利用这些糖分，所以，这些糖不会在血管里“游荡”，就没有机会去黏附身体中的蛋白质产生“终端糖化产物”。

关于身体中所需要的糖，从日常的主食与水果之中就可以得到，如非必要，应避免食用多余的糖分。

Oster

Q11 如何分辨碳水化合物的优劣？

饮食中的碳水化合物又称糖类，大致可分为两大类，第一大类就是不能被我们人体消化吸收的纤维质，第二大类就是可以被我们人体消化吸收的淀粉、双糖、单糖。纤维虽然无法被消化、吸收，但是残留在肠道内功能很大，帮助我们肠道蠕动，当我们肠道好菌的食物，让好菌增加，抑制坏菌。因此，纤维这种碳水化合物在我看来，没有好与坏的差别，目前我们的饮食习惯只有吃不够的问题，所以，要多吃一些蔬菜、水果、以及全谷物来补足纤维吃不够的问题。

可以被消化吸收的碳水化合物——淀粉，主要是用来产生能量。如何选择摄取优良淀粉的来源，建议取自食物本身，如米饭（包括糙米）、马铃薯或者番薯等等。以加工面包为例，面包的制作方式是去除了小麦有丰富纤维的麸皮及胚芽的部分，并将剩下胚乳取出磨制成面粉，进而加入若干成分的糖、油、盐的程序；因此对我而言，从某个程度看面包算是加工食品。

同时，我们的饮食中根本不需要双糖、单糖如蔗糖和果糖，这些有甜分的糖类，只是满足舌头的味蕾。我们身体需要的葡萄糖，可以从原态食物中的淀粉中慢慢分解吸收而来，不需额外补充。

Q12 早午餐的盛行与饮食节奏的改变?

假日早午餐是无可厚非的，现在有一种“52 轻断食”的概念，意指一周内的五天为正常饮食，其余任两天中可以实行只吃两餐轻食的模式。其实，这也是我常用的方法，若连续很多天吃太多，会选择一天吃少一点，“早午餐”则是减少一餐的好方法！

无论是一天吃三餐，或是有时一天吃两餐，在不同的饮食模式里，最重要的是节奏控制。例如，我就是固定周末吃早午餐，或是，固定星期三也吃两餐，让身体习惯这种节奏。

此外，避免睡前饮食，让身体器官能获得充足休息，越是了解身体需求，在餐食选择上，对自己的健康与体重的控制才会越有帮助。

Q13 日常运动与营养的正确配合？

关于健康生活的建立，除了最基本的认识食物、了解食材，学习如何选择好的营养来源，并且维持日常饮食的营养均衡外，更重要的是“训练”自己对于食欲的节制力。一旦一时无法抗拒糖、脂肪、盐的诱惑，就必须养成固定的运动与肌肉锻炼习惯，让不小心多吃的油、盐、糖可以代谢掉！

正确的营养方式必须配合适当的运动才能达到最好的效果，正确掌握运动及补充营养的时间，才能滋养到需锻炼的部位。例如，在重训完成之后，应在 20 分钟～ 1 小时之内补充蛋白质：碳水化合物＝ 1：3 ～ 1：4 的黄金比例，才能让肌肉迅速吸收营养；若是间隔太久，甚至 4 ～ 5 小时之后再进食，肌肉想要合成的“欲望”消失，营养就有可能转换成脂肪，让一切的努力功亏一篑……

健康生活始终是一门必修却没有结束的课程，没有任何绝对，唯有负起对身体的责任，了解食物、了解自己，才能有效避开病症，一步一步走在美好人生的路上。

图书在版编目（CIP）数据

营养师的餐桌风景 / 吴映蓉著. -- 北京 : 北京时代华文书局, 2017.5
ISBN 978-7-5699-1528-0

Ⅰ. ①营… Ⅱ. ①吴… Ⅲ. ①食谱 Ⅳ. ① TS972.12

中国版本图书馆 CIP 数据核字 (2017) 第 078920 号

本著作通过四川一览文化传播广告有限公司代理
由凯特文化授权出版简体字版
著作权合同登记号 图字 01-2016-7100

营养师的餐桌风景

Yingyangshi de Canzhuo Fengjing

著　　者｜吴映蓉

出 版 人｜王训海
选题策划｜高　磊
责任编辑｜余　玲　高　磊
装帧设计｜程　慧
责任印制｜刘　银　訾　敬

出版发行｜北京时代华文书局 http://www.bjsdsj.com.cn
北京市东城区安定门外大街 136 号皇城国际大厦 A 座 8 楼
邮编：100011　电话：010 - 64267955　64267677
印　　刷｜北京顺诚彩色印刷有限公司　010 - 69499689
（如发现印装质量问题，请与印刷厂联系调换）
开　　本｜880mm×1230mm　1/32　印　　张｜7.25　字　　数｜132 千字
版　　次｜2017 年 6 月第 1 版　印　　次｜2017 年 6 月第 1 次印刷
书　　号｜ISBN 978-7-5699-1528-0
定　　价｜48.00 元